本书是国家重点研发计划"科技冬奥"项目后续研究成果
获得辽宁省教育厅基本科研项目（LJKMZ20221613）资助

# 自由式滑雪空中技巧运动员膝关节护具设计与研究

付彦铭　著

U0213364

东北大学出版社

·沈阳·

ⓒ 付彦铭　2023

**图书在版编目（CIP）数据**

自由式滑雪空中技巧运动员膝关节护具设计与研究 /
付彦铭著. — 沈阳：东北大学出版社，2023.7
　ISBN 978-7-5517-3327-4

　Ⅰ. ①自… Ⅱ. ①付… Ⅲ. ①雪上运动－运动员－膝
关节－护具－设计－研究 Ⅳ. ①TS941.727

中国国家版本馆 CIP 数据核字（2023）第 143276 号

出 版 者：东北大学出版社
　　　　　地址：沈阳市和平区文化路三号巷 11 号
　　　　　邮编：110819
　　　　　电话：024 - 83680182（总编室）　83687331（营销部）
　　　　　传真：024 - 83680182（总编室）　83680180（营销部）
　　　　　网址：http://www.neupress.com
　　　　　E-mail: neuph@neupress.com
印 刷 者：沈阳市第二市政建设工程公司印刷厂
发 行 者：东北大学出版社
幅面尺寸：170 mm×240 mm
印 　 张：11.75
字 　 数：211 千字
出版时间：2023 年 7 月第 1 版
印刷时间：2023 年 7 月第 1 次印刷
责任编辑：刘　莹
责任校对：孙德海
封面设计：潘正一
责任出版：唐敏志

ISBN 978-7-5517-3327-4　　　　　　　　　定　价：50.00 元

# 前　言

　　2022 年北京冬季奥运会之前，在我国斩获的全部 12 枚冬奥会雪上项目奖牌中，自由式滑雪空中技巧独占 11 枚，可谓我国雪上优势项目。在 2022 年北京冬季奥运会上，我国在自由式滑雪空中技巧项目上又以 2 金 1 银的好成绩创造了历史。徐梦桃、齐广璞和贾宗洋的名字再次进入人们的视线。

　　但在自由式滑雪空中技巧运动员光鲜外表的背后，有近 90% 的运动员曾受到膝关节损伤的困扰。引起运动员膝关节损伤的原因有很多，损伤位置大多集中在韧带、半月板和软骨。为了降低运动员落地缓冲过程中大冲击力、高速度作用下膝关节损伤的概率，本书记录了通过探究运动员膝关节损伤机理，为运动员设计、制作舒适、有效的膝关节护具的研究过程。主要研究内容如下：

　　（1）根据运动项目特点选择适合的人体模型。通过对运动员整体技术动作分析，采集运动学数据，查明可能发生膝关节损伤的关键技术阶段。应用 Roberson-Wittenburg 方法建立运动员特定姿态下人体简化模型的多刚体动力学方程，通过对方程简化、代入运动学数据和人体测量学数据，求解落地瞬间膝关节力矩与受力。

　　（2）对运动员膝关节实现三维重建，并对韧带、半月板、软骨和骨模型进行优化与配准，建立整体膝关节三维模型。根据人体解剖学理论，将膝关节受力与运动学数据作为边界条件导入 Abaqus 软件完成有限元分析，获取模型内部受力情况以及应力分布情况。

　　（3）根据模型的仿真结果得到运动员落地阶段膝关节内部的应力集中位置。分析运动员落地阶段的动作特点，提出膝关节护具设计理念。基于运动员整体技术动作过程中膝关节角度变化设计护具的活动范围，总结空中技巧项目特点和现有护具存在的问题，提出个性化护膝设计方案。

　　（4）对护具主体结构进行设计，并选择 TPU 材料制作结构试样。分别采用拉伸试验和有限元仿真试验的方法对结构的泊松比、弹性模量进行测试和校验。根据膝关节屈伸过程中水平和垂直方向的伸缩变化，确定适合的负泊松比结构制作护具主体结构。利用高强度铝合金材料设计并制作内外侧支撑铰链。铰链与护具主体采用嵌入的方式连接，在增加安全性的同时，可以提高护具的缓冲效果。为提高护具的舒适性和保暖性，为护具设计并制作了内衬（膝袖）。

（5）在实验室中对护具的有效性进行了验证。分别利用平衡测试仪、三维测力平台和等速肌力测试系统，对运动员有无穿戴护具情况下进行了对比测试。从平衡控制能力、膝关节落地缓冲效果和下肢肌肉力量三个方面对护具的有效性进行了分析与评价。通过对实验数据的整理与分析，验证了护具的有效性。

每项研究内容将独立成章，为读者揭示一个护具是如何诞生的。希望本书能够使读者充分熟悉自由式滑雪空中技巧项目，了解膝关节损伤机理，知晓护具从无到有的过程，体悟运动护具的功能与作用。更希望本书的内容能够为其他位置护具的设计与制作提供灵感，填补国内空白。

著　者

2023 年 4 月 15 日

# 目　录

**第1章　自由式滑雪空中技巧项目技术特征与损伤规律研究** ········· 1

1.1　自由式滑雪空中技巧项目介绍 ················· 1

　1.1.1　自由式滑雪空中技巧项目特点 ············· 3

　1.1.2　自由式滑雪空中技巧项目阶段划分 ········· 4

　1.1.3　运动员损伤情况概述 ··················· 6

　1.1.4　膝关节损伤类型 ····················· 8

　1.1.5　空中技巧运动员膝关节损伤因素 ··········· 8

1.2　膝关节护具研究现状 ····················· 10

1.3　增材制造技术研究现状 ··················· 12

　1.3.1　增材制造技术在各领域的应用 ············· 13

　1.3.2　增材制造技术在体育中的应用 ············· 14

1.4　本书的研究内容与技术路线 ················· 16

　1.4.1　本书研究内容 ····················· 16

　1.4.2　本书技术路线 ····················· 17

1.5　本章小结 ··························· 22

参考文献 ····························· 23

**第2章　基于 Roberson-Wittenburg 方法的人体动力学分析** ········ 27

2.1　人体环节与模型确定 ····················· 28

　2.1.1　人体环节参数 ····················· 28

　2.1.2　运动员人体模型选择 ··················· 28

2.2　空中技巧项目运动学分析 ················· 31

　2.2.1　视频采集 ······················· 31

　2.2.2　自由式滑雪空中技巧各阶段技术动作分析 ········· 33

2.2.3 运动学关键数据的获取与使用 ……………………………… 38

2.3 运动员落地阶段动力学分析 …………………………………… 52

2.3.1 多刚体系统研究方法 ………………………………………… 52

2.3.2 多刚体系统简化模型建立 …………………………………… 53

2.3.3 多刚体系统的结构特征表达 ………………………………… 54

2.3.4 关联矩阵与通路矩阵 ………………………………………… 55

2.3.5 多刚体系统的速度和加速度 ………………………………… 57

2.3.6 多刚体系统的质心速度和质心加速度 ……………………… 60

2.4 树形多刚体系统的动力学方程 ………………………………… 63

2.4.1 增广体 ………………………………………………………… 63

2.4.2 多刚体系统的动力学普通方程 ……………………………… 64

2.4.3 建立 Roberson-Wittenburg 动力学方程 …………………… 65

2.4.4 求解人体动力学方程 ………………………………………… 69

2.5 本章小结 ………………………………………………………… 72

参考文献 ……………………………………………………………… 73

# 第3章 基于逆向工程技术膝关节仿真研究 ……………………… 74

3.1 膝关节力学原理 ………………………………………………… 74

3.1.1 半月板力学原理 ……………………………………………… 75

3.1.2 膝关节主要韧带的力学原理 ………………………………… 76

3.2 膝关节建模 ……………………………………………………… 77

3.2.1 CT 与 MRI 成像技术 ………………………………………… 78

3.2.2 膝关节组织模型重建 ………………………………………… 79

3.2.3 膝关节模型的建立、优化与配准 …………………………… 82

3.3 膝关节有限元分析 ……………………………………………… 88

3.3.1 韧带组织前处理 ……………………………………………… 88

3.3.2 软骨组织前处理 ……………………………………………… 90

3.3.3 骨组织前处理 ………………………………………………… 92

3.3.4 膝关节有限元模型前处理 …………………………………… 93

3.4 仿真结果 ………………………………………………………… 96

3.4.1 韧带仿真结果 ………………………………………………… 96

3.4.2 软骨仿真结果 ………………………………………………… 99

3.5 仿真结果的分析与讨论 ………………………………………… 100

3.6 本章小结 ·················································· 101

参考文献 ····················································· 101

## 第4章 自由式滑雪空中技巧项目膝关节护具的个性化设计 ····· 107

4.1 膝关节护具概述 ······································· 107

4.1.1 膝关节护具功能 ····························· 108

4.1.2 膝关节护具分类 ····························· 110

4.2 膝关节护具个性化设计范畴 ······················· 112

4.2.1 针对项目特点的设计理念 ················· 112

4.2.2 个性化定制设计理念 ······················· 114

4.2.3 针对损伤类型的研究与设计 ·············· 115

4.3 膝关节护具的功能性设计与穿戴方式 ············· 119

4.3.1 护具功能性设计 ····························· 119

4.3.2 护具舒适性设计 ····························· 120

4.3.3 护具穿戴设计 ································· 121

4.4 膝关节护具的制作工艺 ···························· 122

4.4.1 现有膝关节护具制作工艺 ················· 122

4.4.2 护具主体功能定位 ························· 123

4.4.3 膝袖功能设计 ······························· 125

4.5 本章小结 ·············································· 126

参考文献 ····················································· 126

## 第5章 基于负泊松比材料的力学特性及护具结构研究 ········· 128

5.1 负泊松比结构与设计 ······························· 128

5.1.1 负泊松比结构简介 ························· 128

5.1.2 材料的选择 ·································· 129

5.1.3 护具设计中负泊松比材料的优势 ········· 130

5.1.4 结构设计 ····································· 131

5.2 试样模型的确立与有限元仿真试验 ··············· 134

5.2.1 试样模型确立 ································· 134

5.2.2 仿真模型建立 ································· 134

5.2.3 有限元分析结果 ····························· 135

5.3 打印结构的力学性能测试 ·························· 137

    5.3.1　打印试样生成 ……………………………………… 137

    5.3.2　力学性能测试 ……………………………………… 139

    5.3.3　结果分析 …………………………………………… 140

  5.4　仿真与试验的结果对比 …………………………………… 142

  5.5　改变结构参数的仿真试验 ………………………………… 143

    5.5.1　改变 $\theta$ 的模型仿真 ………………………………… 143

    5.5.2　改变 $l$ 的模型仿真 ………………………………… 146

    5.5.3　改变网格大小的模型仿真 ………………………… 148

  5.6　护具结构与参数确定 ……………………………………… 149

  5.7　本章小结 …………………………………………………… 151

  参考文献 ………………………………………………………… 152

**第6章　基于增材制造的膝关节护具制作与有效性实验研究 …… 154**

  6.1　膝关节护具制作 …………………………………………… 154

    6.1.1　护具模型结构设计 ………………………………… 154

    6.1.2　护具模型打印与附件选用 ………………………… 155

    6.1.3　护具的装配与穿戴 ………………………………… 158

  6.2　护具结构安全性分析 ……………………………………… 158

    6.2.1　支具有限元分析 …………………………………… 159

    6.2.2　打印结构有限元分析 ……………………………… 160

  6.3　膝关节护具的有效性验证 ………………………………… 162

    6.3.1　平衡稳定测试验证 ………………………………… 163

    6.3.2　落地缓冲测试验证 ………………………………… 168

    6.3.3　下肢肌肉力量测试验证 …………………………… 172

  6.4　本章小结 …………………………………………………… 175

  参考文献 ………………………………………………………… 175

**第7章　结论与展望 ………………………………………………… 177**

  7.1　结　论 ……………………………………………………… 177

  7.2　展　望 ……………………………………………………… 178

# 第1章 自由式滑雪空中技巧项目技术特征与损伤规律研究

## 1.1 自由式滑雪空中技巧项目介绍

自由式滑雪始于 20 世纪 60 年代末期，当时一批美国的滑雪爱好者将高山滑雪与空中翻腾相融合开创了这一新项目[1]。1979 年，国际滑雪联合会正式承认了这个项目，并命名为"自由式滑雪"。1992 年，雪上技巧被正式列为冬季奥运会的比赛项目。空中技巧也在两年后的第十七届冬奥会上获得正式项目资格。

竞技体育项目共有两大类别，一是体能主导类项目，二是技能主导类项目[2]。就我国竞技体育现状而言，后者强于前者。在技能主导类项群中，我国难美项群(指既讲究动作难度、质量，又具有完好的艺术表现性，最终以评分高低决定胜负的一类竞技体育项目。例如体操、跳水、技巧、花样滑冰等)优势明显。自由式滑雪正是难美项群的一个典型项目。

自由式滑雪项目分为 3 个小项，即空中技巧、雪上技巧和特技滑雪[3]。中国自由式滑雪空中技巧项目自 20 世纪 80 年代末被引入，90 年代初从零起步，30 多年间发生了巨大的变化。冬奥会上很多精彩的瞬间(图 1.1)印入了国人的脑海，同时载入了冬奥会史册。

自由式滑雪空中技巧项目，我国从 1994 年第十七届冬奥会开始派出运动员参赛，第十八届冬奥会上收获了第一枚冬奥奖牌——1998 年长野冬奥会徐囡囡[图 1.1(a)]勇夺女子银牌。在 2006 年都灵冬奥会上，自由式滑雪空中技巧项目迎来了历史性突破——韩晓鹏获得男子金牌[图 1.1(b)]。在 2006 年都灵冬奥会和 2010 年温哥华冬奥会上，李妮娜[图 1.1(c)]连获两枚女子银牌。在 2010 年温哥华冬奥会上，郭心心[图 1.1(d)]和刘忠庆[图 1.1(e)]分获女子和男子铜牌。在 2014 年索契冬奥会上，徐梦桃[图 1.1(f)]和贾宗洋分获女子银牌和男子铜牌。在 2018 年平昌冬奥会上，张鑫[图 1.1(g)]和贾宗洋[图 1.1(h)]分获女子银牌和男子银牌，孔凡钰[图 1.1(i)]获得女子铜牌。在 2022 年北京冬奥会上，徐梦桃[图 1.1(j)]、齐广璞[图 1.1(k)]和贾宗洋[图 1.1(l)]获得 2 金 1 银的好成绩。

(a)  (b)  (c)

(d)  (e)  (f)

(g)  (h)  (i)

(j)

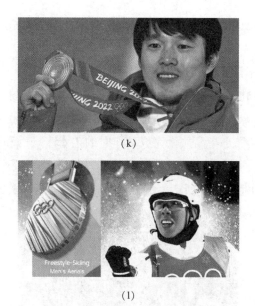

(k)

(1)

**图 1.1 我国自由式滑雪空中技巧运动员的荣耀时刻**

这些已被载入史册的颁奖瞬间既是一名运动员的高光时刻,更见证了这些年自由式滑雪空中技巧国家队对该项目的付出和该项目的发展历程。

### 1.1.1 自由式滑雪空中技巧项目特点

任何竞技体育项目都有自身的特点和规律。空中技巧项目是一类体现"稳""准""难""美"的技巧类竞技项目,具有很高的观赏性和艺术表现力[3]。图1.2为运动员(贾宗洋)起跳、腾空和落地过程图(截选自中央电视台转播画面)。以该3周台动作(B/DF-F-F)为例,运动员在完成向后3周横轴转体的同时,还要完成4周纵轴转体,即第1周横轴转动同时伴随纵轴2周转体,第2周横轴转动同时伴随纵轴1周转体,第3周横轴转动同时伴随纵轴1周转体。可见运动员滑行与落地的"稳"、控制的"准"、技术的"难"和动作的"美"。

"稳"是指在每一个技术环节完成时具有很高的重复性,并且具有较高的落地稳定性和成功率。由于该项目具有很高的危险性,所以只有在稳定发挥的前提下,才能在稳中求准、稳中求难、稳中求美。

"准"是指在"稳"的基础上,对完成动作提出正确性、准确性要求,包括各个动作环节的准确性,例如助滑速度控制的准确性、腾空高度的准确性等。随着动作难度增加,完成高质量技术动作的时空条件缩小,虽然可以增加飞行高度或腾空时间，但落地受到的冲击力也会增大，危险性和发生运动损伤的概率将同时增加。

"难"是指技术动作的难度系数，即动作的难易程度。它是动作技术含量及其相应价值的量化体现。难度系数越高，得分基准值就越高。有了高难度动作，运动员才有机会获得高分，力压群雄，才有冲冠的可能。

顾名思义，"美"是指高质量完成动作时的艺术表现力和美感，其中包括腾空高度、飞行远度、时间、节奏、身体姿态等表现人体美感的因素。从空中技巧动作技术难度和完成质量所衍生的艺术价值被视为运动员的制胜法宝。

图1.2　运动员起跳、腾空和落地过程图

## 1.1.2　自由式滑雪空中技巧项目阶段划分

自由式滑雪空中技巧之所以是高风险的竞技项目，是因为导致损伤风险的因素来源于运动的各个环节。该项目完整的技术动作可分为四个阶段（图1.3），即助滑阶段、起跳阶段、腾空阶段和落地阶段。

在助滑阶段［图1.4（a）］，身体姿态调控与速度控制是关键[4-5]。在该阶段，如果不能很恰当地控制身体姿态，会导致接下来的动作连贯出现问题，直接导致运动表现不足甚至动作失败；如果速度过快或过慢，会直接影响空中动作的整体表现以及落地时机和稳定的把控。

在假设助滑阶段技术动作规范的前提下，起跳阶段［图1.4（b）］是地面动作与空中动作的重要衔接环节。在这一阶段，起跳动作的稳定、离台瞬间的走

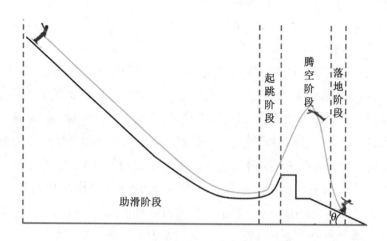

图 1.3 自由式滑雪空中技巧项目阶段划分示意图

(a) 助滑阶段      (b) 起跳阶段

(c) 腾空阶段      (d) 落地阶段

图 1.4 自由式滑雪空中技巧项目各阶段动作示意图

脚时机、稳定的核心区域控制都是关键环节[6]。任何一个环节出现问题都将导致下一阶段的动作出现问题，从而影响落地成功率，甚至导致落地时发生运动损伤。

腾空阶段[图1.4(c)]是考察运动员动作表现、艺术表现的关键环节[7]。运动员在保证技术难度的前提下，手臂的合理动作将展现出优美的姿态，并给裁判员留下良好的印象[8]，从而获得较高的分数。在这一阶段，关键点除了动作本身外，还有预着陆时机的选择。合理的时机选取不仅可以有效提高落地成功率，而且可以降低突发事件发生的概率，从而降低运动员损伤风险。

落地阶段[图1.4(d)]不仅是评价运动员技术动作成功与否的关键环节[9]，而且是本书研究的重点环节。落地阶段有独立的动作评分，直接影响比赛成绩。落地评分主要看落地是否平稳以及着陆后能否平稳滑行6 m以上。落地分数将直接影响运动员的最终成绩，因此所有运动员在比赛中都力争站稳。

当然，有时运动员由于之前阶段的技术动作瑕疵，需要在高冲击力和下肢屈曲条件下，通过自身主动调控达到稳定着陆，在此期间，运动员膝关节处（软骨、韧带和半月板）将出现非常复杂的应力集中情况。在伴随股骨与胫骨相对运动（平移、旋转和翻转）的情况下，极容易导致膝关节韧带、半月板、骨及软骨发生急性损伤[10]。

### 1.1.3 运动员损伤情况概述

对于当今的竞技体育，尽管拥有科学的训练方法和先进的体能训练作为保障，但在日常训练或比赛中，运动员的运动损伤在所难免。损伤一旦发生，不仅会严重影响运动员日常训练或比赛，妨碍其运动水平的提高，甚至会影响其日常生活。更重要的是，损伤会给运动员带来心理上的负面影响，造成运动员心理负担增大，使其在后续训练时产生心理阴影[11-12]。

根据近10年来随队科技攻关服务所获取的数据，空中技巧运动员发生运动损伤的概率很高[13-14]。虽然近年来随着运动员专项力量、体能储备的提升以及高水平科研保障的配备，受伤率有所降低，但仍无法避免。调查结果表明[14]：入选该项目国家队的运动员中绝大多数发生过不同程度的运动损伤，发生率近90%。数据显示：多年来入选国家队的运动员（包括现役和已经退役的运动员）中，膝关节损伤的发生率最高，占总人数比例近85%；第二位为腰部损伤，占75%；第三位为踝关节损伤，占50%。这一数据的各项指标在青年队中略有下降，但比例顺序不变。从运动损伤的性质来看，损伤分为肌肉损伤、肌腱损伤、韧带损伤、挫伤、骨折等类型。其中，以肌肉损伤和韧带损伤所占比例最大，伤势较为严重，占比分别为近 45% 和 30%。从运动损伤的程度来看，轻度损伤约占 45%，中度损伤约占 25%，重度损伤约占 30%。从运动损伤的病程来看，急性损伤约占 40%，慢性损伤约占 60%。

在空中技巧项目的运动损伤中，膝关节损伤占绝大多数[15]。在膝关节损伤中，十字韧带、内外侧副韧带以及半月板损伤最为常见[14, 16]。在现役队员中，多数队员都有膝关节损伤史甚至多次损伤史。有些运动员大面积半月板被摘除，有些运动员经过重建的十字韧带时有松动现象，这些都为下一次损伤埋下了隐患。多年的跟队服务让我们看到了太多由于膝关节损伤而无缘比赛的运动员，在令人惋惜的同时，更让人感到痛心。几年的训练付诸东流，还要接受手术和漫长的康复治疗。因此，无论成败，每一名空中技巧运动员都是值得我们尊敬的，他们把最好的年华都献给了这个项目，而把伤病和泪水都留给自己默默承受。

在 2018 年平昌冬奥会上，徐梦桃在比赛中因动作失误，出台速度不足、腾空高度不够。即使她通过丰富的经验和出色的个人能力极力调整，也未能安全、平稳落地。赛后，徐梦桃接受了双腿交叉韧带重建和半月板摘除手术。图 1.5(a) 为徐梦桃术后康复过程中双腿照片。同样，在平昌冬奥会上，刚刚伤愈复出的贾宗洋带着 4 块钢板和 22 颗钢钉获得了银牌，图 1.5(b) 为贾宗洋赛前体检时拍摄的 X 光片。

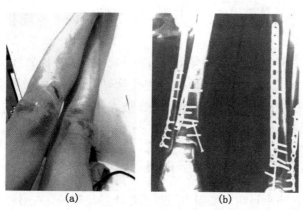

(a)　　　　　　　　(b)

**图 1.5　运动员下肢损伤照片**

在空中技巧队内，每个人都经受过伤病的困扰，但无论伤病严重与否都无法停止或减缓队员们奋勇向前的步伐。空中技巧项目的每个阶段都直接关系到运动员最终的比赛成绩,更关系到运动员落地是否安全。在发生运动损伤的问题上,即使具有多年经验的运动员和教练员也只能在有限的程度上降低落地阶段的损伤风险,但无法根本避免。这也是该项目运动员膝关节损伤(手术治疗)率近85%的原因。

### 1.1.4 膝关节损伤类型

膝关节作为人体最大、最复杂和承重最大的关节,不仅在人们日常生活中被频繁使用,而且在体育运动中发挥着重要作用。正因如此,膝关节损伤是较为常见的运动损伤之一。

膝关节常见的运动损伤大体分为三类,即软骨损伤、半月板损伤和韧带损伤,其中软骨损伤最为普遍。软骨损伤常见于中老年人群,半月板损伤和韧带损伤多见于运动人群。中老年人群由于软骨自我修复能力变弱,加之青壮年期间软骨磨损较为严重,因此或早或晚会产生膝关节疼痛甚至诱发关节炎。半月板损伤、韧带损伤多由剧烈运动时膝关节胫骨平台相对移动,过度内、外翻和内、外旋所致[15, 17],常发生于快速度、多变向、大强度、高冲击力的运动中。

自由式滑雪空中技巧是集以上运动损伤成因于一身的运动项目之一。近17 m的下落高度,对膝关节具有强大的冲击力;雪鞋将踝关节锁定,减少了下肢的缓冲,从而增加了膝关节的负荷;运动员落在37°~38°的着陆坡上,坡面情况复杂(雪面的软硬程度不同会导致运动员雪板入雪后的运动方向和运动速度不同),极容易造成膝关节稳定性下降。这也就不难理解为何该项目膝关节损伤率如此之高。

多年高强度的训练和比赛导致运动员膝关节软骨和半月板普遍磨损严重[18]。这种日积月累的慢性软骨损伤在给运动员带来无尽伤痛的同时,因其引起的膝内结构变化造成膝关节稳定性降低[19],给膝关节急性损伤埋下了隐患。

### 1.1.5 空中技巧运动员膝关节损伤因素

造成空中技巧项目运动员损伤的原因是非常复杂的,本书将其归纳为内部因素和外部因素两类。内部因素包含运动员技术、力量、体能、心理等,外部因素包含风、温度、场地、雪等。很多时候,两类因素同时存在,相互作用,导致运动损伤的具体原因难以查明,而且难以避免。就空中技巧项目本身而言,其运动特点和技术特点决定了运动员腾空后需要足够的空间和时间做出规定动作[20]，导致落地阶段的瞬间高冲击力作用于膝关节，而这是该项目运动员发生膝关节运动损伤的根本原因。

从内部因素角度来看，虽然在日常训练中，教练组成员采用了多种相对安全的训练手段，例如蹦床训练[21]、水池训练[22-23]等，但为了提高运动员空间感觉、技术动作的规范性，不得不提升训练强度，反复刺激，形成肌肉和视觉反射，因此会出现一些慢性、劳损性损伤，而这是所有竞技体育都必须面对的现实。

从体能储备和专项力量角度来看，体能教练未雨绸缪，结合运动员各自情况，以提高专项力量[24-25]、核心力量[26-27]为主要目的，兼顾协同性、保持性小肌肉群稳定训练[28-29]，在保证运动员完成高质量技术动作的同时，减少运动损伤的发生。即便如此，也无法从根本上避免劳损性损伤和急性运动损伤的发生。

在心理方面，运动员的心理状态、心理素质和以往运动经历可能直接影响其日常训练、比赛的技术动作发挥[30-31]。运动员的心理波动是无法直接、及时被了解的，因此它也成为运动损伤发生的"帮凶"。

对于空中技巧项目，外部环境是长久以来一直困扰教练组和运动员的关键问题。在前期研究中，本书发现外部环境中的多项因素会从始至终作用于运动员的整套技术动作，其中"风""温度""场地""雪"等因素备受关注。

"风"是指与风速、风向相关的空气气流变化。在前期研究中，本书对场地中起滑位置处、跳台处的风速、风向进行了采集，对运动员助滑、起跳以及腾空过程进行了空气动力学分析，结果表明：风速、风向的变化对运动员助滑速度、起跳速度、空中动作以及落地位置影响明显。可以说，"风"的因素是影响运动员技术发挥、成绩优劣，甚至导致运动员损伤的重要原因。

"温度"包括气温和雪温。雪温是由气温变化而逐渐改变的，它们都对雪板与雪面之间的摩擦系数变化起到关键作用。为了获得精准的起跳速度，除了考虑"风"的影响以外，雪的摩擦系数也是一项重要指标。过渡区阶段运动员滑行速度衰减明显，因此在雪板、雪质确定的情况下，由气温、雪温确定雪的摩擦系数尤为重要。摩擦系数的确定为运动员准确获得起跳速度和起滑位置提供了依据。

"场地"作为外部环境中相对固定的参考因素，也具有非常重要的地位[32]。场地的地理位置、空间位置和尺寸都将影响运动员的训练和比赛发挥[33]。地理位置直接影响风速、风向；空间位置即海拔高度，直接影响气温、雪温；场地尺寸各项指标包括助滑坡角度和长度、过渡区长度、跳台起跳角以及着陆坡角度等。教练组和运动员能否快速适应场地、了解场地特点，直接关系到运动员训练效果和比赛成绩的优劣。

"雪"作为冬季雪上运动的载体，可分为人造雪、自然雪、混合雪等类型。之所以把"雪"作为一项环境因素，是由于不同类型雪的密度（人造雪密度约 856 kg/m³，自然雪密度约 328 kg/m³）、力学性能不同，在气温、雪温不同的情况下所测出的摩擦系数也有很大差异[34]。此外，着陆坡处的雪质还将影响运动员落地稳定性、缓冲效果以及落地成功率。如果处理不当，以上因素都可能导致空中技巧运动员落地阶段发生运动损伤。

综上所述，导致运动员损伤的因素众多，每一个技术环节都存在内部和外部的影响因素。实际上，即使教练组、运动员以及科研人员通盘考虑了上述因素，也无法从根本上杜绝运动损伤的发生，毕竟导致运动损伤的不确定因素过多且其成因过于复杂。本书基于上述分析，从两个方面聚焦运动员的膝关节。其一是运动员正常发挥，成功完成技术动作时，膝关节是否存在损伤风险；其二是正常落地（双脚同时落地）缓冲阶段，穿戴个性化膝关节护具是否对膝关节稳定性、内部受力、平衡控制以及技术动作的发挥产生影响。

## 1.2 膝关节护具研究现状

截至 2022 年，利用中国知网的搜索引擎，输入"膝关节护具"对主题进行文献检索，结果显示，仅有 15 篇学术论文、15 篇学位论文（硕士）以及 10 篇会议论文。在检索到的 40 篇文献中，仅有 2 篇涉及护具设计相关内容，可见参考文献严重不足。与此同时，检索到的中国专利却有 165 项（实用新型 87 项、发明公开 55 项、发明授权 14 项和外观设计 4 项）。由此可窥市场上经常看到的各种国产膝关节护具如何研制与生产之一斑。

国际知名品牌护具研发团队的核心技术属于商业机密，不知名的小品牌没有充足的研发经费和过硬的团队，只能一方面模仿知名品牌的设计，另一方面寻找价格低廉的现有材料和制作工艺进行生产。因此某些小品牌护具基本没有自己核心的设计理念和制作工艺。在个性化定制护具方面，也仅有国外公司为普通消费者提供固定产品的尺寸、外观的定制服务。国内尚无为普通消费者根据身体情况、运动项目进行完备的个性化定制的先例。

膝关节的保护对于运动员非常重要，不仅局限于空中技巧项目，所有竞技体育运动员和教练员都非常重视膝关节的功能和状况。对于空中技巧运动员而言，膝关节的保护大致分为常规保护和特殊形式保护两种。

常规保护是针对所有运动员制定的，其内容包括训前膝关节充分热身[35]、膝关节肌肉(大肌肉、小肌群)力量训练[36]、膝关节平衡稳定性训练[37]、训后拉伸和放松[38]以及合理营养膳食搭配[39]。通过常规保护机制，增强运动员膝关节周围肌肉、韧带的强度，在提高屈伸过程稳定性、控制能力的同时，可以降低膝关节运动损伤风险。

特殊形式保护往往针对特殊(膝关节康复、膝关节损伤史)运动员定制，其内容除涵盖常规保护内容外，还包括下肢运动防护贴扎、膝关节护具的选择与使用、针对性(康复)训练方法和药物干预等。在空中技巧队伍中，常规保护以及部分特殊形式保护都能在队内解决，但队内尚未落实膝关节护具相关内容。

从空中技巧运动员膝关节健康状况来看，截至 2018 年，国家队近 80% 的运动员有膝关节损伤史，他们的膝关节都需要特殊形式保护。可见，针对空中技巧项目运动员的个性化定制护膝的研发以及相关研究是一项空白。

运动护具绝不是通过模仿或仿制就可以实现整套研发工艺的。护具的一部分设计参数来自测量，而核心参数则是通过对运动学、动力学数据的挖掘与分析获取的。护具的制作环节也是非常具有技术含量的。一个配件、一个局部的设计和优化都是为了解决某个实际问题。有时材料的选择、结构参数的改变可以有效提升护具的某一防护性能。

图 1.6 为某些知名品牌的专业膝关节护具，其中涵盖了篮球、羽毛球、足球和跑步等运动。这些厂商的研发部门根据运动项目的规律、特点进行设计。有些根据使用者自身状况和具体需求进行量身定制。作为护具使用者，并不是穿戴了护具就万事大吉。如果不了解一款护具的保护机制和适用情况而盲目使用，那么未必能取得有效的保护关节和预防损伤的效果。如果使用者过度信任护具的保护功能，穿戴后肆意运动，好胜逞强，也可能造成严重的运动损伤。因此，运动护具的科学设计与合理穿戴都十分重要。

护膝的穿戴可以缓解冲击力和切向力的作用效果，轻便和良好的贴附性设计可以提升用户体验感受。一款好的护膝应具备以下几个设计理念：① 具有一定的保护功能(根据护膝的款式和针对的运动项目而定)；② 舒适性(有无压痛感、透气性以及贴附性)；③ 保暖性(特殊运动项目)；④ 个性化设计(针对使用者需求)；⑤ 方便性(容易穿脱、保养和维护)。

(a)篮球膝关节护具          (b)羽毛球膝关节护具

(c)足球膝关节护具         (d)跑步膝关节护具

**图 1.6　各项运动中的膝关节护具**

## 1.3　增材制造技术研究现状

增材制造(Additive Manufacturing，AM)，俗称 3D 打印，兴起于 20 世纪 80 年代后期[40]。近 20 年来，AM 技术取得了快速的发展，与此同时，衍生出很多叫法，如"快速原型制造(Rapid Prototyping)""三维打印(3D Printing)""实体自由制造(Solid Free-Form Fabrication)"等，它们分别从不同侧面体现了这一技术的特点。

随着增材制造技术的不断突破，其现已成功地应用于航空航天、生物医疗、建筑、汽车等领域，并不断取得突破性进展。第一代高通量集成化生物 3D 打印机的成功研制，不仅推进了 3D 打印医疗器械、人工组织器官的临床转化进程，而且为 3D 打印技术的深化应用提供了技术支撑。

### 1.3.1 增材制造技术在各领域的应用

从国内外3D打印的应用领域来看，近两年国外3D打印技术的应用在各领域逐渐增强，逐渐实现了在航空、医疗和建筑领域的应用；而我国3D打印更多地实现了在航空和生物医疗等领域的应用，但多以行业应用的模型为主。

3D打印光敏树脂(图1.7)在医学领域的应用较为广泛。在口腔正畸学应用中，可以通过三维扫描技术获取精准的数字模型。该数字模型不仅可以为矫形器的制作提供数据支撑，而且可以用于模型的虚拟重现。研究结果表明[41]：3D打印模型比倒模成型的模型更加精准、制作更加简便。在修复学应用中，下颌骨修复术经常使用增材制造技术[42-43]。光敏树脂具有精度高和强度低等特点，多用于工业外观设计、装配功能验证以及高精度模具的设计与生产，但其材料属性特征决定了其不适用于对强度有较高要求的模型打印[44]。

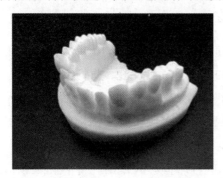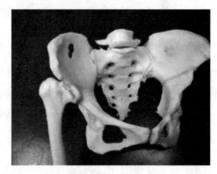

**图1.7 光敏树脂制品**

3D打印技术真正的优势在于打印材料多样。打印材料是3D打印技术发展的重要物质基础，在某种程度上，材料的发展决定着3D打印能否有更广泛的应用[45]。

在工艺品制作中(图1.8)，3D打印技术应用也十分广泛。所谓木质打印材料，实际上不含木粉，它是通过发泡技术把打印侧料加工成多孔结构，使其类似于天然木料。由于其本质为高分子材料[46]，因此打印产品具有良好的打印质量和独特的表面质感。

钛及钛合金具有强度高、密度低、耐热、耐腐蚀、生物相容性好等特点，因此成为医疗器械、化工设备、航空航天及运动器材等领域的理想材料[47]。然而，钛合金属于典型的难加工材料，加工时应力大、温度高，刀具磨损严重，限制了钛合金的广泛应用。3D打印技术特别适合钛及钛合金的制造。钛合金在航空航天[48]（图1.9）、汽车[49]、核工业、运动器材及医疗器械[50-51]等领域得到了广泛的应用[52]。

图1.8　木质打印模型

图1.9　钛合金航空发动机零件

## 1.3.2　增材制造技术在体育中的应用

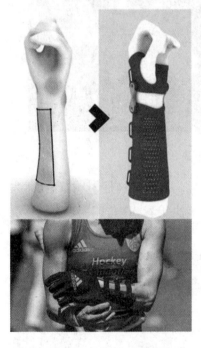

图1.10　3D打印护腕在体育中的应用

随着增材制造技术的不断发展，其在各领域的应用将逐渐深化，并且不断拓展应用领域。近年来，3D打印运动产品逐渐进入大众的视野。一些媒体平台常常展示一些富有科技含量的运动用具，因此越来越多的人意识到3D打印护具的作用。它不仅能够私人定制，而且使用起来很轻便，也利于患者恢复健康。可以预见，在未来的体育产业中，增材制造技术必将有一席之地。

据报道，一场比赛中，荷兰女子曲棍球国家队队长 Eva de Goede 在与德国队门将 Amy Gibson 碰撞后，左手腕骨折。术后，本以为会对后续比赛产生严重影响，然而，7周后，这名队长竟然通过穿戴定制的3D打印护具（图1.10），带领球队获得了欧锦赛冠军。

在竞技体育中，护膝的使用非常普遍。奥地利初创公司引入了一款3D打印护膝（图1.11）。可以根据小腿3D扫描数据定制不同尺寸产品。护膝工艺方面考虑了舒适性和灵活性，采用软层和硬层组合的形式装配。护膝重 75 g，厚 7 mm。

**图 1.11　3D 打印护膝在体育中的应用**

　　位于伦敦的创业公司 Hexr, Ltd. 开发了一款 3D 打印自行车定制头盔（图 1.12）。头盔采用蜂窝芯结构，选用聚酰胺材料制成。头部尺寸通过 3D 扫描获取近 3 万个数据网格实现产品的"精确匹配"，从而达到量身定制的目的。

　　根据国外智库 2020 年报告，3D 打印鞋将在未来 10 年内达到 63 亿美元的市场规模。运动厂商阿迪达斯（Adidas）是在鞋类批量生产中使用 3D 打印最重要的品牌。该公司使用 Carbon 数字光合成技术已经生产了超过 10 万双带有聚氨酯中底的跑鞋。跑鞋（图 1.13）鞋底采用的树脂材料具备足够的强度和柔韧性，不仅形状新颖，而且能提供十分舒适的穿着感。

**图 1.12　3D 打印头盔在体育中的应用**

**图 1.13　3D 打印跑鞋在体育中的应用**

## ↗↗↗ 1.4　本书的研究内容与技术路线

2006 年都灵冬奥会上，韩晓鹏腾空跃起、稳稳落地，让中国男子空中技巧项目站上了世界之巅。自此，空中技巧成为我国冬奥会雪上优势项目，现已发展为世界领先水平[53-55]。随着 2022 年北京冬奥会的举办和"带动三亿人参与冰雪运动"号召的提出，越来越多的人参与到冰雪运动中，与此同时，空中技巧项目也得到了越来越多人的关注。

### 1.4.1　本书研究内容

仅凭借传统的运动学分析无法准确得到空中技巧项目运动员落地缓冲阶段膝关节受力的详细情况，导致无法全面了解运动员落地缓冲阶段膝关节内部组织损伤的机理。这给本书膝关节护具的设计造成了一定的困难。要给运动员膝关节提供最大限度的保护，就要全面了解空中技巧项目的各个环节、各种因素以及落地阶段的各种情况。本书将相关因素参数以及运动员的运动学参数导入动力学方程，尝试揭示落地缓冲阶段膝关节内部较为客观的受力情况。

挑选一名运动员作为受试者（签署《知情同意书》），通过逆向工程技术获取其膝关节三维模型，并最终建立有效的膝关节有限元模型。通过导入不同情况下的载荷、约束以及相关参数计算膝关节内部组织的受力情况。

所谓不同情况包括横轴转体过度、适中和不足［图 1.14（a）（b）（c）］，纵轴转体过度、适中和不足（如图 1.14 左列、中列和右列所示）。当然，在极端情况下，可能出现横轴与纵轴转体均过度、适中和不足三种类型［图 1.14（a）左和图 1.14（c）左、图 1.14（b）中、图 1.14（a）右和 1.14（c）右］。

根据图 1.14，横轴转体过度将导致落地时身体后倾，此时双足跟区域为主要受力位置［图 1.14（c）中］；相反，横轴转体不足将导致落地时身体前倾，此时前脚掌区域为主要受力位置［图 1.14（a）中］。纵轴转体过度或不足将使落地时身体不能正对下滑方向，造成左右足不能同时落地，导致一条腿受力过大。横轴与纵轴转体均不适合损伤风险较大的落地动作，将导致身体前倾或后倾的同时，矢状面偏左［图 1.14（b）左］或偏右［图 1.14（b）右］。

通过统计国家队运动员损伤史得知：运动员膝关节损伤的占比最大，而且多集中在韧带和半月板损伤。这可能与膝关节有限元分析结果相一致。可靠的有限元模型为后续探究空中技巧运动员膝关节损伤机理并为其制造膝关节护具提供了坚实的理论依据。

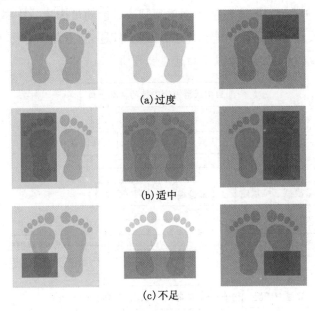

图 1.14 落地阶段足受力情况分类

护具的设计从膝关节运动规律出发，要充分考虑到空中技巧项目的运动特点、运动员需求。为了体现针对运动项目、运动员个体的设计，本书拟采用增材制造技术对护具主体进行制作，并最终手动完成护具的装配。由于单足先落地的情况非常复杂，因此在本书中，重点研究双足同时落地情况，涉及单足部分内容将在后续研究中开展。

在满足膝关节护具有效性、安全性和舒适性的前提下，为了完成护具的有效性测评，现设定本书的核心研究内容如下：

（1）地缓冲阶段动力学分析（第 2 章）；

（2）膝关节韧带、半月板损伤的仿真分析（第 3 章）；

（3）护具设计（第 4 章）；

（4）3D 打印与力学试验（第 5 章）；

（5）护具的安全性与有效性验证（第 6 章）。

以上研究内容均有独立章节，针对具体问题，全面、系统地展开研究、分析与讨论。

## 1.4.2　本书技术路线

研发自由式滑雪空中技巧项目运动员膝关节护具的技术路线是一个相对复

杂的系统工程。总体技术路线如图 1.15 所示。本书需要对空中技巧运动项目进行全方位的了解，具体包括运动项目特点、运动员因素、外部环境因素等。脱离实际的设计无法满足功能和需求，因此将以上三方面内容作为护具设计的理论依据和基础，本书也将以此为起点展开研究。

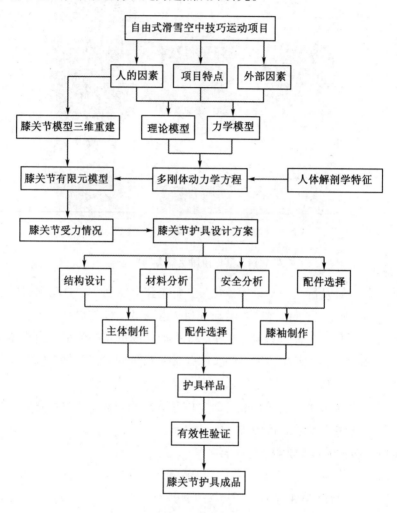

**图 1.15　技术路线图**

对空中技巧运动员落地阶段的理论与力学模型的建立与分析是本书的关键内容。目的是求解落地阶段运动员膝关节受力，并将其导入有限元模型中分析膝关节内部各组织的受力情况。在第 2 章和第 3 章中，将对人体模型的选择与简化，多刚体动力学模型的建立、分析和求解，膝关节有限元模型的建立、分析和求解过程进行阐述。具体流程如图 1.16 所示。

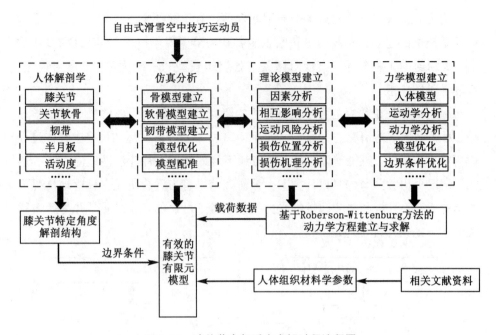

图 1.16 膝关节内部受力求解过程流程图

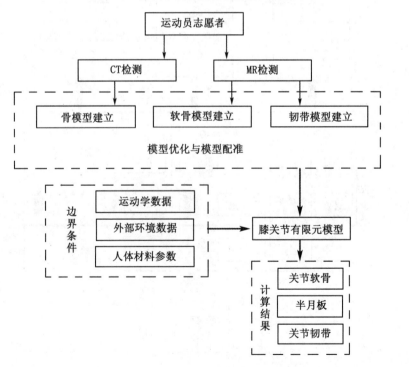

图 1.17 膝关节模型的三维重建与应用流程图

为了获得较为准确的膝关节有限元模型，第3章将详细介绍运动员志愿者膝关节模型的建立过程。通过获取志愿者膝关节影像学（CT，MRI）DICOM数据，采用逆向工程技术，实现对膝关节各组织模型的三维优化、配准与重建。流程详见图1.17。

根据前期理论研究与力学模型分析的研究成果，结合人体膝关节解剖学理论，对运动员落地情况进行分类，如图1.18所示。考虑到运动员空中转体过程中可能发生横轴、纵轴转体过度、适当和不足的情况，有针对性地对其中"适当"情况提出膝关节护具设计方案。该研究结果将为后续研究多种落地情况下关节软骨、半月板和关节韧带的受力提供便捷、可靠的理论依据，并为后续膝关节护具的设计提供理论支持。

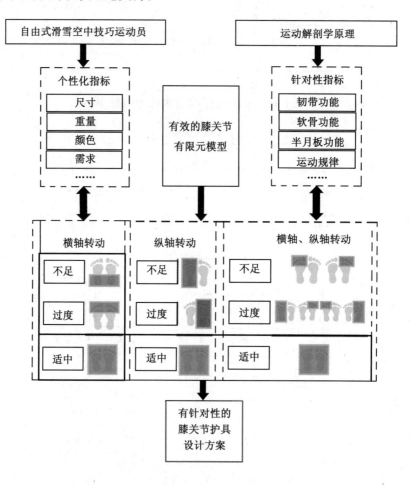

**图1.18 研究过程与涉及的落地情况流程图**

护具的设计与核心部件的制作为第 4 章主要内容，具体流程如图 1.19 所示。充分考虑到空中技巧项目特点、运动员个性化需求以及外部环境因素，正常落地（双足同时落地）情况下膝关节有限元分析将得到相应的计算结果与护具设计策略。此部分工作将为后续护具的使用和有效性验证提供参考和依据。

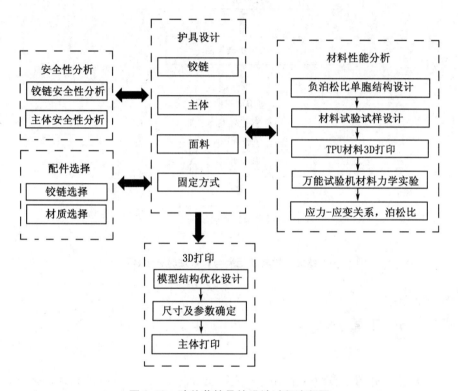

**图 1.19 膝关节护具的设计过程流程图**

护具的组装与有效性验证为第 6 章主要内容。该章参考第 5 章的研究结果与给出的建议，将设计几种负泊松比单胞结构应用于护具主体结构。此外，还将对设计的结构模型试样进行材料力学试验，将得到该结构的应力-应变关系以及泊松比情况。最终参考设计理念与实验结果选择适合的结构，并在后续工作中完成护具的打印、组装和有效性验证。技术路线如图 1.20 所示。

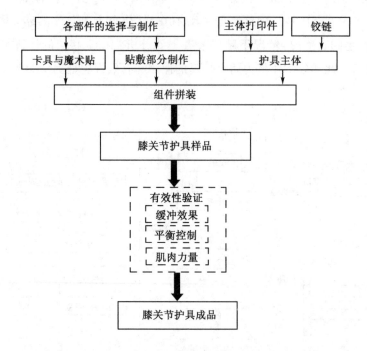

**图 1.20　膝关节护具的组装与有效性验证过程流程图**

## 1.5　本章小结

　　本章着重介绍了自由式滑雪空中技巧项目的现状、技术特点和运动损伤情况。结合内部和外部因素，根据技术动作划分，对运动员在日常训练或比赛中导致膝关节损伤的原因进行了剖析，从而引出了对空中技巧运动员进行膝关节护具设计的必要性。在对本书研究内容详细梳理的基础上，对关键内容和技术的研究过程以技术流程图的形式加以展现。

　　本章的内容为后续研究指明了思路和方向。在后续章节中，作者将对空中技巧运动员膝关节护具的研发过程进行详细论述，希望能够通过本书的研究为空中技巧运动员设计、制作出有针对性、个性化的膝关节运动护具。这些工作和研究对空中技巧项目的发展、对空中技巧运动员膝关节损伤预防等方面具有重要意义。

## ⚄ 参考文献

［1］ 马喜强.自由式滑雪雪上技巧发展状况的研究［D］.苏州:苏州大学,2008.

［2］ 杨桦,李宗浩,池建.运动训练学导论［M］.北京:北京体育大学出版社, 2007.

［3］ 韦迪.自由式滑雪［M］.沈阳:辽宁教育出版社,1995.

［4］ 孟述,郭云清,欧晓涛.自由式滑雪空中技巧运动员助滑技术的分析［J］.冰 雪运动,2001(4):39-41.

［5］ 付彦铭.自由式滑雪空中技巧助滑阶段运动员姿态改变与支反力大小相关 性研究［C］∥第十六届全国运动生物力学学术交流大会(CABS 2013)论 文集,2013.

［6］ JONES P E.The mechanics of takeoffs in the aerials event of freestyle skiing ［D］.Loughborough:Loughborough University,2012.

［7］ 戈炳珠,郭云清,吴志海.备战索契冬奥会中外空中技巧选手动作难度分析 ［J］.沈阳体育学院学报,2011,30(3):11-13.

［8］ YEADON,MAURICE R.The limits of aerial twisting techniques in the aeri- als event of freestyle skiing［J］.Journal of biomechanics,2013,46(5):1008- 1013.

［9］ 娄彦涛,郝卫亚,范祎,等.自由式滑雪空中技巧运动员落地稳定性的生物 力学研究进展［J］.中国运动医学杂志,2021,40(3):237-244.

［10］ DHAHER Y Y,KWON T H,BARRY M.The effect of connective tissue material uncertainties on knee joint mechanics under isolated loading condi- tions［J］.Journal of biomechanics,2010,43(16):3118-3125.

［11］ 李丹阳,张力为.从严重受伤到重返冬奥:一位高风险项目运动员的心理 康复历程［J］.体育科学,2020,40(3):28-38.

［12］ 张宇,马铁,衣雪洁,等.自由式滑雪空中技巧国家队队员冬训期心理状态 的监控与分析［J］.沈阳体育学院学报,2012,31(4):86-89.

［13］ 孙赫,刘仁辉,郭子鸣.自由式滑雪空中技巧运动损伤风险及预防分析 ［J］.冰雪体育创新研究,2020,10(10):12-13.

［14］ 陈拿云,,敖英芳,蒋艳芳,等.优秀自由式滑雪空中技巧运动员严重膝关

节损伤的特征:基于 11 名中国国家队运动员的研究[J].中国运动医学杂志,2019,38(7):543-547.

[15] 岳海涛,代云山.我国自由式滑雪空中技巧运动员运动性损伤与预防[J].冰雪运动,2012,34(3):36-40.

[16] 孙智博.我国自由式滑雪雪上技巧运动员运动损伤情况的调查研究[D].哈尔滨:哈尔滨体育学院,2014.

[17] HAO Z.Biomechanics of the bone and the knee joint[J].Chinese journal of solid mechanics,2010,31(6):603-612.

[18] 付彦铭.自由式滑雪空中技巧运动员落地稳定瞬间人体膝关节软骨损伤风险的研究[J].沈阳体育学院学报,2018,37(1):70-74.

[19] SHIRAZI R,SHIRAZI-ADL A.Computational biomechanics of articular cartilage of human knee joint:effect of osteochondral defects[J].Journal of biomechanics,2009,42(15):2458-2465.

[20] YEADON M.Application of simulation to freestyle aerial skiing[C]∥IS-BS-Conference Proceedings Archive,2009.

[21] 夏秀亭,刘玲燕,任海鹰.自由式滑雪空中技巧项目蹦床训练相关技术问题研究[C]∥第十届全国体育科学大会论文摘要汇编(三),2015.

[22] 闫红光,徐威.国家空中技巧滑雪运动员程爽 bFdF 水池动作运动特点分析[J].山东体育学院学报,2006(1):85-87.

[23] 郝庆威,门传胜,佟永典,等.季晓鸥自由式滑雪空中技巧 bLFF 水池动作的运动学研究[J].沈阳体育学院学报,2003(4):4.

[24] 陈洪彬.自由式滑雪空中技巧着陆动作专项力量练习分析[J].冰雪运动,1997(1):33-34.

[25] 牛雪松,白烨,任海鹰.索契冬奥会自由式滑雪空中技巧运动员专项力量训练的应用研究[J].成都体育学院学报,2015,41(5):111-116.

[26] 韩亮.我国高水平自由式滑雪空中技巧运动员核心力量训练的研究[D].沈阳:沈阳体育学院,2014.

[27] 赵佳,王卫星.自由式滑雪空中技巧项目运动员核心力量训练研究[J].山东体育学院学报,2009,25(5):68-70.

[28] 牛雪松.我国自由式滑雪空中技巧运动员力量训练划分研究[J].沈阳体育学院学报,2010,29(6):16-18.

[29] 牛雪松.我国高水平自由式滑雪空中技巧运动员体能训练理论与实践[D].北京:北京体育大学,2010.

[30] 杨阿丽.雪上技巧项目运动员心理训练监控体系的建立:以自由式滑雪空中技巧和单板U型场地为例[J].沈阳体育学院学报,2011(1):52-54.

[31] 周成林.自由式滑雪空中技巧运动员主要技术和心理控制研究[J].体育科学,2004(12):62-68.

[32] 王新.场地尺寸变化对自由式滑雪空中技巧运动员出台速度影响的研究[C]//第十届全国体育科学大会论文摘要汇编(一),2015.

[33] 刘忠源,李东,付彦铭,等.自由式滑雪空中技巧跳台场地尺寸变化对运动员出台速度影响的研究[J].中国体育科技,2020,56(12):5.

[34] 闫乃鹏.影响高山滑雪运动员滑行阻力的主要因素[J].冰雪运动,2006,28(5):18-20.

[35] 陈彩珍,卢健.牵拉运动的神经生物学基础及其在运动训练中的应用[J].广州体育学院学报,2004,24(5):25-27.

[36] 陈小平.力量训练的发展动向与趋势[J].体育科学,2004(9):36-40.

[37] 马校军,王安利,,徐刚,等.动态平衡训练对膝关节位置觉干预效果的研究[J].山东体育学院学报,2011(7):37-43.

[38] 国家体育总局干部培训中心.体能训练理论与实践研究[M].北京:北京体育大学出版社,2009.

[39] 周丽丽,杨则宜,伊木清,等.中国运动员膳食营养状况调查分析与改进建议[J].中国运动医学杂志,2002,21(3):278-283.

[40] 卢秉恒,李涤尘.增材制造(3D打印)技术发展[J].机械制造与自动化,2013(4):1-4.

[41] KASPAROVA M, GRAFOVA L, DVORAK P, et al. Possibility of reconstruction of dental plaster cast from 3D digital study models[J].Biomedical engineering on line,2013,12(1):49.

[42] 陈亚东,李虎,尚德浩,等.快速成形技术应用于下颌骨缺损二次重建手术指导[J].中国机械工程,2014,25(4):486-490.

[43] WILLIAMS R J, BIBB R, RAFIK T.A technique for fabricating patterns for removable partial denture frameworks using digitized casts and electronic surveying[J].Journal of prosthetic dentistry,2004,91(1):85-88.

［44］ 何岷洪,宋坤,莫宏斌,等.3D打印光敏树脂的研究进展［J］.功能高分子学报,2015(1):111-117.

［45］ 张晓艳,任金晨.基于专利分析的3D打印技术及材料研究与应用进展［J］.当代化工,2017,46(8):4.

［46］ 陆颖昭,,王志国.木质纤维-聚乳酸复合3D打印材料的研究进展［J］.中国造纸学报,2019(1):73-81.

［47］ 赵霄昊,左振博,韩志宇,等.粉末钛合金3D打印技术研究进展［J］.材料导报,2016,30(23):120-126.

［48］ 杨洋.美将用钛合金3D打印F-35战斗机零件［J］.中国钛业,2013(1):52-53.

［49］ 陆刚.铝、镁、钛合金材料在汽车工业中的应用和发展［J］.铝加工,2005(6):45-49.

［50］ 卢雯,吕婕,黄鹏,等.1例胸骨肿瘤行3D打印钛合金胸壁重建术的护理配合［J］.护理学杂志,2016(8):38-39.

［51］ 张庆福,刘刚,刘国勤.个体化3D打印钛合金下颌骨植入体的设计制作与临床应用［J］.口腔医学研究,2015,31(1):48-51.

［52］ 郑增,王联凤,严彪.3D打印金属材料研究进展［J］.上海有色金属,2016,37(1):4.

［53］ 牛雪松,马毅.我国自由式滑雪空中技巧体能训练监控的应用研究［J］.沈阳体育学院学报,2011,30(4):15-19.

［54］ 马毅,吕晶红.我国备战2022年冬奥会重点项目后备人才培养问题探究［J］.体育科学,2016,36(4):3-10.

［55］ 马毅,王新,衣雪洁,等.自由式滑雪空中技巧项目科技攻关服务综合研究［J］.北京体育大学学报,2016,39(9):112-118.

# 第2章 基于 Roberson-Wittenburg 方法的人体动力学分析

在体育运动中，人体是运动的主体，是运动学研究的主要对象。研究内容主要包括人体运动的轨迹、速度和加速度等。这对模型的建立提出了较高的要求。建模可以去伪存真、分离主次、突出本质。依托模型的分析研究可以发现规律、建立量化关系。模型的建立需要具备较为全面的力学和数学基础，通常通过观察与实验、理论分析与计算、判断与归纳以及检验与完善四个过程[1]。在本章中，根据人体运动的特征，结合运动生物力学原理，将运动员人体运动模型进行简化，例如将人体简化为刚体或多刚体系统运动模型[2]。使用高速摄像机，结合 SIMI 运动学分析系统，采集并提取空中技巧运动员落地阶段运动学数据。基于空中技巧项目是人体整体或多环节运动的特点，尝试使用 Roberson-Wittenburg 方法（用系统各铰的广义坐标来描述连接刚体之间的相对转角或位移）建立多刚体动力学方程。通过代入运动学相关数据，对多刚体动力学方程进行求解，得到膝关节位置的受力，为后续章节中有限元分析提供必要的参数，以便系统进行运动学分析。采用运动学分析的目的是：获取运动员关节角度等运动学数据，为动力学分析、仿真计算以及护具设计提供具体参数、边界条件和活动范围。

每个过程都将实际问题的理论与实际相结合，因此模型是连接力学（数学）计算与实际问题的纽带，力求完整的计算、准确的参数和可靠的检验。采用动力学分析的目的是：计算运动员膝关节受力的数值解，为膝关节有限元分析提供加载和约束条件，并为后续膝关节护具的设计提供参数与依据。

## 2.1 人体环节与模型确定

### 2.1.1 人体环节参数

为了把身体作用力与运动联系起来,需要知道身体各环节的惯性特征(身体环节质量、质心位置和转动惯量等)以及身体各环节的其他参数(长度、围度等)。人体各环节的惯性特征决定了作用在这些环节上的力和力矩与环节运动加速度之间的关系[3]。身体环节一般指相邻两个关节中心之间的肢体部分。当相邻环节中间的一个或两个关节保持固定时,这两个或三个环节就变成了一个环节。例如,当腕关节保持不动时,前臂和手组成了一个环节。

在生物力学中,通常把人体看作一个多环节动力链。虽然有很多方法可以准确求出整个人体的质量和某种固定姿势的总质心位置,但要确定多变的人体在三维空间的总质心位置以及动力学指标是很困难的。运动生物力学自始至终坚持一种研究思路:把人体分割成一个个环节,求出这些环节的质量、质心位置、转动惯量、密度等基本参数,然后通过这些惯性特征去研究整个人体的运动。

环节的定义和分割方法对于得到准确的运动学数据是非常重要的。关于人体环节的分割有两种方法:一种方法是沿着关节转轴进行切分;另一种是根据解剖标志点进行切分。前者虽然符合定义,但在实际操作中,很难定位关节转轴。根据解剖标志点切分虽然方便得多,而且数据比较统一,但是与身体环节的定义不合,导致与实际人体运动数据不符。因此,在多年的生物力学研究中,针对不同的运动项目以及不同人种,出现了多个身体环节切分模型,为后续运动学分析奠定了研究基础。

### 2.1.2 运动员人体模型选择

在运动生物力学研究中,常用的人体模型[4-5]有松井秀治模型(头、颈、躯干、左右上臂、左右前臂、左右手、左右大腿、左右小腿、左右足,共计15个环节)、汉纳范模型(头、上躯干、下躯干、左右上臂、左右前臂、左右手、左右大腿、左右小腿、左右足,共计15个环节)、扎齐奥尔斯基模型[6](头、上躯干、中躯干、下躯干、左右上臂、左右前臂、左右手、左右大腿、左右小腿、左右足,共计 16 个环节）以及郑秀媛模型[7]（头、颈、上躯干、下躯干、左右上臂、左右前臂、左右手、左右大腿、左右小腿、左右足，共计 16 个环节），如图 2.1 所示。在运动生物力学分析中，经常视具体情况对人体环节进行划分。每种划分方法都可以对获取人体各环节的夹角、运动速度、加速度、角速度以及质心变化等数据提供科学的解决方案。在分析具体人体运动时，要结合所分析的人体动作特点合理选择，例如所考察的人体模型或具体环节的运动为平动、转动或混合运动等。

上述 4 种模型的主要区别在于人体颈部和躯干环节的划分。松井秀治模型划分了颈环节并将躯干视为 1 个环节，汉纳范模型未对颈环节进行划分并将躯干视为 2 个环节，扎齐奥尔斯基模型未对颈环节进行划分并将躯干视为 3 个环节，郑秀媛模型划分了颈环节并将躯干视为 2 个环节。根据本书研究内容，应考虑空中技巧项目运动员技术动作，并结合落地缓冲阶段人体姿态特点进行人体模型的合理选择。

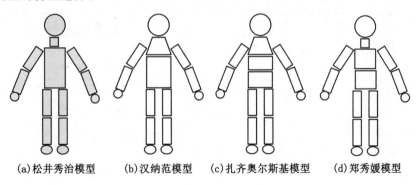

(a)松井秀治模型　　(b)汉纳范模型　　(c)扎齐奥尔斯基模型　　(d)郑秀媛模型

**图 2.1　常用的人体模型**

自由式滑雪空中技巧是比较复杂的人体运动，属于人体多刚体混合运动。在技术分析时，并不是模型环节越多越好，要根据采样频率、计算精度、具体技术动作和研究内容合理选择。本书内容主要针对下肢环节展开，因此应尽量精简其余身体环节，以便于分析和处理。头部位置可以对运动员动作表现和技术发挥提供判断依据，颈、躯干环节也需纳入模型范围。在落地缓冲阶段，运动员躯干基本保持正直，因此避免选择躯干部分存在多个环节的模型。综上，松井秀治人体模型能够满足现阶段以及后续研究需求。

松井秀治人体模型人体环节相对质量（占体重百分比）参数以及环节质心半径系数（占环节长度百分比）可以参照表 2.1 和表 2.2 加以利用。根据换算，求得各环节合成后质心半径系数(占合成环节长度百分比),如表2.3所示。3个表格中的参数将在后续运动学、动力学建模与计算中被调用。

表2.1 松井秀治人体模型环节相对质量参数[4]

| 环节点 | 环节相对质量(男) | 环节相对质量(女) |
|---|---|---|
| 头 | 0.044 | 0.037 |
| 颈 | 0.033 | 0.026 |
| 躯干 | 0.479 | 0.487 |
| 左右上臂 | 0.053 | 0.051 |
| 左右前臂 | 0.030 | 0.026 |
| 左右手 | 0.018 | 0.012 |
| 左右大腿 | 0.200 | 0.223 |
| 左右小腿 | 0.107 | 0.107 |
| 左右足 | 0.038 | 0.030 |

表2.2 松井秀治人体模型环节质心半径系数[4]

| 环节点 | 环节质心半径系数(男) | 环节质心半径系数(女) |
|---|---|---|
| 头 | 0.63 | 0.63 |
| 颈 | 0.50 | 0.50 |
| 躯干 | 0.52 | 0.52 |
| 左右上臂 | 0.46 | 0.46 |
| 左右前臂 | 0.41 | 0.42 |
| 左右手 | 0.50 | 0.50 |
| 左右大腿 | 0.42 | 0.42 |
| 左右小腿 | 0.41 | 0.42 |
| 左右足 | 0.50 | 0.50 |

表2.3 松井秀治人体模型环节合成质心半径系数[4]

| 环节点 | 环节合成质心半径系数(男) | 环节合成质心半径系数(女) |
|---|---|---|
| 头+颈 | 0.46 | 0.45 |
| 头+颈+躯干 | 0.63 | 0.64 |
| 头+颈+躯干+上臂 | 0.65 | 0.64 |
| 上臂+前臂+手 | 0.46 | 0.44 |
| 前臂+手 | 0.48 | 0.46 |
| 大腿+小腿+足 | 0.42 | 0.49 |
| 小腿+足 | 0.51 | 0.50 |
| 全身 | 0.46 | 0.47 |

根据以上列表，结合运动员身体测量学指标，可以对每一名运动员落地阶段环节质心、动能进行数学计算。在本书中，运动员从始至终穿戴滑雪头盔、雪鞋和雪板完成技术动作，因此在计算时，应考虑除自身体重以外的装备的质量，结合装备穿戴位置进行计算。例如，已知运动员身高、体重、雪鞋和雪板质量，可根据列表中的系数将雪鞋和雪板纳入模型。

## 2.2 空中技巧项目运动学分析

运动学分析是运动生物力学常用的分析方法，是对人体运动和几何性质的定量描述[7]。所谓运动的几何性质，即人体在空间的位置随着时间变化的规律性。人体是一个非常复杂的生物体，人体所完成的各种动作的复杂性是任何机械都无法比拟的。因此获得这些参数要比获得其他物体运动的参数困难得多。运动学分析首先需要确定的是人体环节及人体模型，作为人体运动或姿态的简化版，不同的人体模型适合不同的运动。

### 2.2.1 视频采集

本书运动学分析所用的仪器设备包含 2 台高清摄像机、1 台高速摄像机、1 套二维比例尺和 SIMI 视频分析系统。将 3 台摄像机进行编号：1#，2# 和 3#。其中，1# 为高清摄像机，架设在跳台侧面，用于采集出台阶段运动员技术动作的视频；2# 为高速摄像机，架设在着陆坡侧面，用于采集运动员落地缓冲阶段的侧面视频；3# 为高清摄像机，架设在裁判房，用于采集运动员整体动作视频。

1# 和 2# 摄像机用于出台速度的采集和落地运动学数据的采集，3# 摄像机用于运动员各阶段膝关节角度数据的收集。由于该项目场地狭长，落差较大，而且受到仪器设备和运动学数据获取困难等局限，因此本书中出台和落地阶段的运动学数据相对准确，而整体动作过程的膝关节角度仅为近似值。拍摄点位如图 2.2 所示。

经过多次实地采集，共拍摄空中技巧 3 周动作视频 93 个（31 组动作）。其中，由于视频丢帧或缺失放弃 3 组数据，另外因为落地位置超出拍摄范围排除 6 组数据，最终经过筛选，有 22 组动作可以满足实验要求。采集的每组动作视频通过 SIMI 视频分析系统（图 2.3）获取运动学数据。通过对分析结果的整理、比对和计算，获取了与本书研究相关的 22 组技术动作关键内容：① 运动员各阶段膝关节角度变化数据；② 根据采集的运动员出台速度计算的运动员腾空高度；③ 落地阶段身体姿态、身体关节夹角、质心位置和速度的数据；④ 后续动力学分析所需必要的计算参数（落地阶段雪面下陷高度、缓冲用时等）。

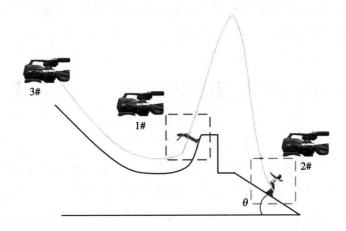

图 2.2　摄像机拍摄点位图

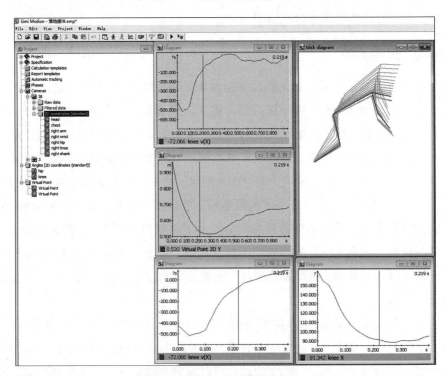

图 2.3　SIMI 动作分析展示图

## 2.2.2 自由式滑雪空中技巧各阶段技术动作分析

空中技巧项目整体技术动作除落地阶段以外，还有助滑阶段、起跳阶段和腾空阶段。之所以提及整体动作，是出于对运动员膝关节角度变化范围做出整体把控的考虑，毕竟本书中设计的膝关节护具不能影响运动员整套技术动作的发挥和膝关节的正常角度变化。

### 2.2.2.1 助滑阶段

助滑阶段是空中技巧项目技术动作的起始阶段。起于助滑坡上运动员启动点，止于过渡区终点。空中技巧运动员会根据自身技术动作特点和习惯，选择最适合的助滑道和跳台。虽然外部环境因素（例如风速、风向、温度和场地尺寸等）会直接影响运动员的滑行速度，但有经验的教练员、运动员会根据具体情况进行起始位置的调整，将外部环境因素的影响降到最小。

在助滑阶段能够获取的运动学相关数据主要有助滑质心速度、人体各环节夹角等。其中，人体各环节夹角通过视频分析系统进行描点测得，助滑速度和出台速度通过在过渡区、台头定点拍摄后解析获取。本书中所用到的相关数据已经在前期研究中成功采集，由于运动员身高、体重差异，因此在 3 周台的助滑阶段，运动员膝关节活动范围在 75°~175°，质心速度范围在 15.14~20.06 m/s。出于对高水平运动员专业数据保密和后期研究内容的相关性考虑，本书中不对具体动作、运动员相关数据进行描述和展示。

可见，设计膝关节护具时，应考虑助滑阶段膝关节屈曲范围（从启动位置至过渡区末的膝关节活动范围）、护具质量（与下肢环节质量对比）、护具体积（下肢的迎风面积）、保暖功能（维持周围肌肉活性）等。

### 2.2.2.2 起跳阶段

起跳阶段是空中技巧项目从地面到空中的重要衔接阶段[8]。在助滑阶段的腾空前准备动作和速度、姿态的保持都将从这一阶段的出台瞬间爆发、释放[9]。在这个关键的瞬间，对准备动作、上下肢爆发力量、环节速度的释放有着极高的时间要求和准确性要求。完美的起跳需要技术动作连贯，时机准确，蓄势充分，爆发快速。

在身体姿态研究中，出台瞬间运动员都将质心后倾，其目的是获得适合的体位角，以更好地完成第一周动作和获取足够的时间、空间完成后续衔接动作。体位角是身体与支撑面法线夹角。体位角越大，质心位置的支反力矩越大，这将导致运动员腾空后额状轴转速加大；与此同时，支反力在身体纵轴方向的分量减少，使得腾空后速度的垂直分量降低。因此，将质心位置控制在合理范围，获取适合的体位角也是一项关键技术。运动员、教练员对这个环节非常重视，起跳阶段技术发挥将直接影响空中动作乃至落地姿态和稳定性。

在 SIMI 视频分析系统中，对 1# 摄像机采集的运动员起跳视频完成动作解析，获取出台前运动员肢体棍图以及在起跳阶段运动学相关数据，如图 2.4(a) 所示。在此阶段，质心 $Y$ 方向（垂直于水平面）随时间变化曲线如图 2.4(b) 所示。运动员膝关节活动范围为 165°~175°，如图 2.4(c) 所示。

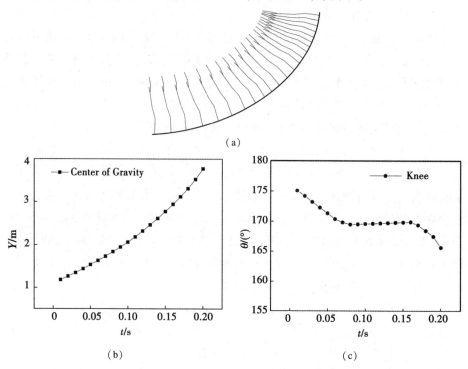

图 2.4　运动员出台阶段运动学分析图

这里需要说明，运动员膝关节之所以没有伸直达到 180°，是由于专业雪鞋的设计，并非运动员的动作特征。由于雪鞋设计时，为了锁定踝关节，将小腿与足之间的夹角锁定为 80° 左右，以减少踝关节损伤，因此，当运动员伸膝至 180° 呈质心前倾状态，将严重影响出台速度。

归纳上述因素并结合各阶段技术动作、外部环境因素变化特点可知，在起跳阶段，影响运动员技术动作的主要为内在因素。当然，跳台的角度、坡面的摩擦以及风速风向也都各自发挥着作用，但在阶段转换的瞬间，它们的影响将忽略不计。在起跳阶段，膝关节护具设计未新增功能需求和限制条件，维持了助滑阶段的设计需求。

### 2.2.2.3 腾空阶段

腾空阶段是空中技巧项目体现动作难度、运动员动作表现的关键技术环节[8]，因此运动员需要在有限的时间和空间内完成规定动作，同时为落地阶段预留出可调整的时间和空间。腾空阶段的表现不仅体现了运动员的技术水平，而且体现了运动员临场发挥和应变能力。

在腾空阶段，由于运动员所做规定动作的难度系数不同，虽然可以监测其各转体过程中的运动学数据，但必须确保运动员在能够顺利完成规定动作并合理进行上述人体调控的前提下，膝关节活动度不受影响，并能够在落地前使下肢肌肉获得有效动员[10]。在腾空阶段，本书主要考虑膝关节变化范围。根据运动学解析，获取本阶段运动员膝关节活动范围在 145°～175°。此时膝关节护具设计未新增功能需求和限制条件，维持了助滑阶段和起跳阶段的设计需求。

### 2.2.2.4 落地阶段

落地阶段是空中技巧项目的重要评分点，也是决定成败的关键环节[11]。如果腾空阶段节奏控制不好，例如，横轴翻转过快，落地瞬间质心靠后、横轴翻转角度过大，将导致运动员触地瞬间上体迅速后倾摔倒；反之则上体前倾摔倒[12]。

据实地观测，男子 3 周台动作，最高腾空点至着陆点的最大垂直高度为 16～17 m，在本书中取最大高度 17 m 进行模拟。运动员双侧下肢着陆于水平夹角 37.5°的着陆坡上。在落地过程中，由冲量定理可知：缓冲过程时间越短，膝关节所受冲击力越大。因此，缓冲过程稍有不慎(膝关节发生内、外旋或内、外翻)就容易发生意外，从而对膝关节软骨、韧带以及半月板造成严重损伤。

对 2#摄像机视频进行解析，高速摄像机获取的运动员姿态如图 2.5 所示。获取落地缓冲阶段运动员身体环节运动棍图和相关运动学数据如图 2.6 所示。图 2.6(a)为落地缓冲阶段人体棍图，图 2.6(b)为落地点重合后合成的人体棍图。运动学数据中质心 Y 方向(垂直于着陆坡方向)随时间变化曲线如图 2.6(c)所示，此过程中膝关节角度变化情况如图 2.6(d)所示。

可见 2#摄像机采集的是非常关键的运动学数据。除上述数据外，还涉及关节角度、角速度、角加速度以及各关节点的位移、速度、加速度等。这些数据

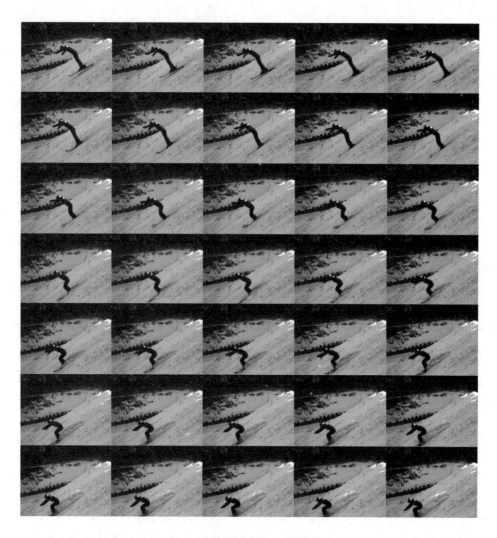

**图 2.5　落地阶段运动员姿态图**

都是后续建立动力学方程时必要的参数。

　　完成对现场采集的 22 组动作视频数据的分析后，可将正常落地的质心位置[13]分为 3 种情况（图 2.7）：①质心前倾落地［图 2.7（a）］，质心的垂线位于膝关节前方，此时会出现雪板前端先接触着陆坡情况；②中立位落地［图 2.7（b）］，质心垂线约位于胫骨平台范围内，落地瞬间雪板与着陆坡保持平行；③质心后倾落地［图 2.7（c）］，质心垂线约位于膝关节后方，此时会出现雪板后端先接触着陆坡情况。从图 2.7（d）中可以看出 3 种正常落地情况的区别。

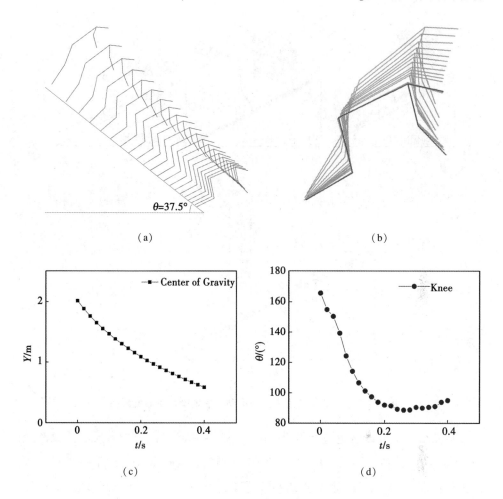

（a）                                （b）

（c）                                （d）

**图 2.6　运动员落地阶段运动学分析图**

根据视频分析与动作解析可知：当质心前倾落地时，运动员雪板前端先碰触雪面，而后雪板全面接触着陆坡，由于质心前倾，缓冲阶段膝关节角度变化范围为 175°～135°。当中立位落地时，运动员雪板与着陆坡平行，雪板前后端同时接触雪面，运动员身体质心的垂线基本位于膝关节范围内，缓冲阶段膝关节角度变化范围为 165°～110°。当质心后倾落地时，运动员雪板的板尾先接触雪面，然后雪板整体接触着陆坡，由于质心后倾，运动员缓冲阶段需尽量向前调整，在质心速度影响下，膝关节角度变化范围为 165°～95°。由此可以得出：所有成功落地视频运动员膝关节活动范围在 175°～95°。

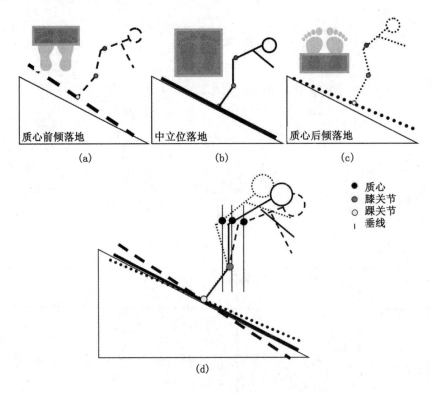

**图 2.7　自由式滑雪空中技巧运动员落地阶段质心位置图**

从图 2.7 中可以清楚地看出质心垂线与膝关节位置的差异。质心前倾落地时，质心垂线约位于膝关节前方；中立位落地时，质心垂线约位于胫骨平台范围内；质心后倾落地时，质心垂线约位于膝关节后方。结合成功落地的 3 种情况，当腾空高度已知时，可以算出落地瞬间胫骨平台以上环节的动能。虽然计算结果相差不大，但由于膝关节角度和质心位置的差异，膝关节内部的受力情况千差万别。因此，在后续的有限元计算时，要结合这 3 种落地情况分别仿真，探究膝关节内部受力情况和损伤风险，为膝关节护具的设计提供依据。

### 2.2.3　运动学关键数据的获取与使用

在运动学分析阶段，获取运动员阶段性动作的膝关节角度和落地缓冲阶段身体各环节的运动学数据是为了限定护膝的活动范围和将其代入动力学方程中计算膝关节受力。为了给运动学方程提供运动学关键数据，必须对落地缓冲阶段的运动学数据进行精确采集，并加以科学处理。

利用 SIMI 分析系统对运动员落地阶段的高速视频逐帧进行关键点标记。

在空间坐标系中，将各标记点的位置信息进行记录。连续标记后，将形成各标记点空间坐标下位置变化轨迹和运动学数据。在整个落地缓冲阶段，空间位置信息、角度数据和时间之间的关系将以对应的数据曲线进行展示。最终获得的运动学数据包括：身体关节点 $X$ 方向和 $Y$ 方向的位置数据以及身体关节点变化数据、关节点 $X$ 方向和 $Y$ 方向的速度数据、关节点 $X$ 方向和 $Y$ 方向的加速度数据、各环节之间的夹角数据以及各环节与水平轴的夹角数据。

图 2.8 表示运动员身体各关节点在落地过程中的变化过程。其中，$X$ 为前进方向，$Y$ 为下落方向，$t$ 为时间轴。在 $X$-$Y$-$t$ 三维坐标中，可以清楚地看到各关节点随时间的变化趋势。虽然落地过程十分短暂，仅有 0.2 s，但在高速摄像机采集的视频中，每个关节仍有 30 余个位置数据被捕捉到。

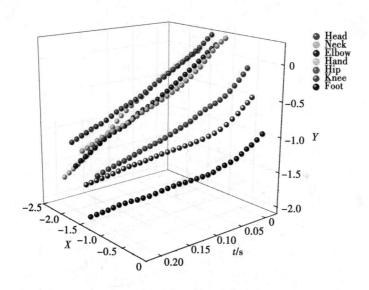

图 2.8　关节点变化曲线图

在后续的动力学分析中，还要对 $X$ 方向和 $Y$ 方向随时间变化的关系数据进行分析和代入。图 2.9 分别展示了身体各关节点在 $X$ 方向［图 2.9(a)］和 $Y$ 方向［图 2.9(b)］的变化趋势。

根据解析数据中的速度和加速度数据，可以得到身体各关节点在 $X$ 方向和 $Y$ 方向的速度和加速度变化趋势。运动员身体模型通过简化得到了 6 个环节 7 个关节点。为了更好地观察每个关节点速度数据的规律性，现分别展示各环节在 $X$ 方向和 $Y$ 方向的速度和加速度变化曲线，如图 2.10 所示。

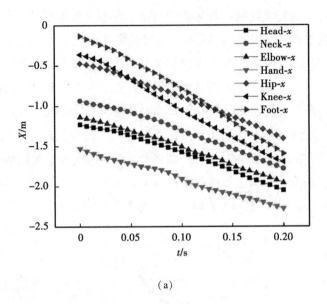

（a）

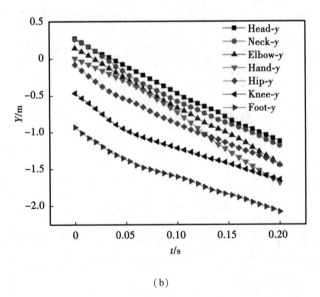

（b）

图 2.9　关节点 $X$ 方向、$Y$ 方向位置变化曲线图

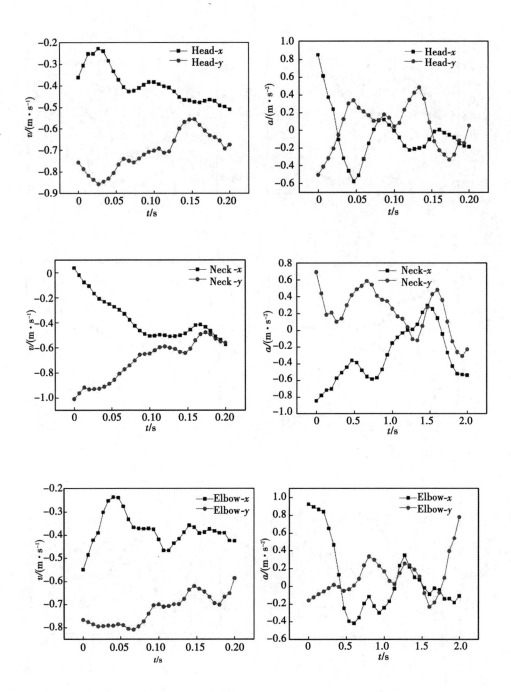

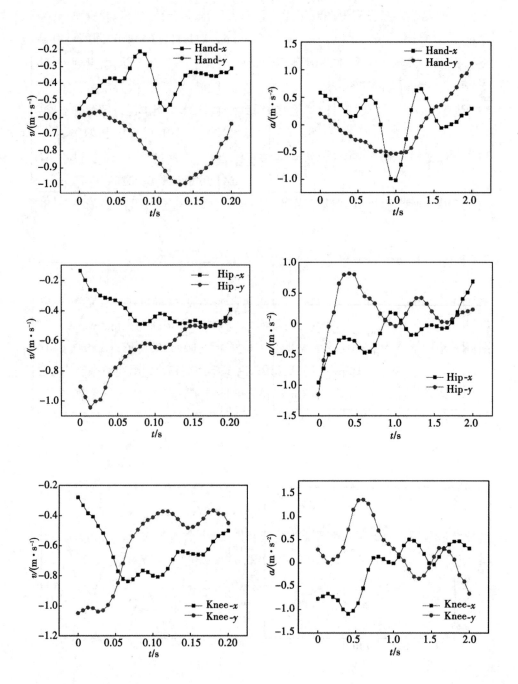

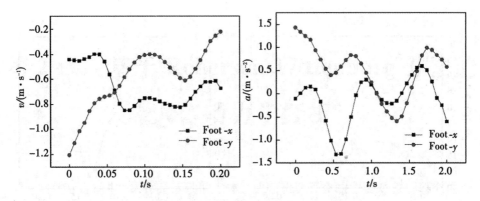

**图 2.10 身体各关节速度和加速度曲线图**

在动力学分析中，还需要有角度参数的代入。在运动学解析中，获取了各环节与水平轴夹角数据，如图 2.11 所示。其中，H-N 是头颈节点连线，N-E 是颈-肘节点连线，E-H 是肘-手节点连线，N-H 是颈-髋节点连线，H-K 是髋-膝节点连线，K-F 是膝-足节点连线。

除了角度参数外，动力学分析中还要用到角速度($\omega$)和角加速度($\alpha$)。通过运动学分析，SIMI 系统提取了身体各环节与水平面夹角变化过程中的角速度和角加速度，图 2.12 清晰地展示了各夹角变化过程中角速度和角加速度的变化趋势。

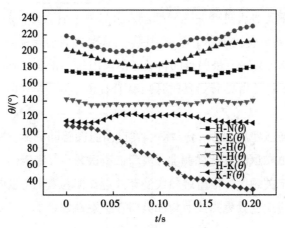

**图 2.11 身体各环节与水平面夹角图**

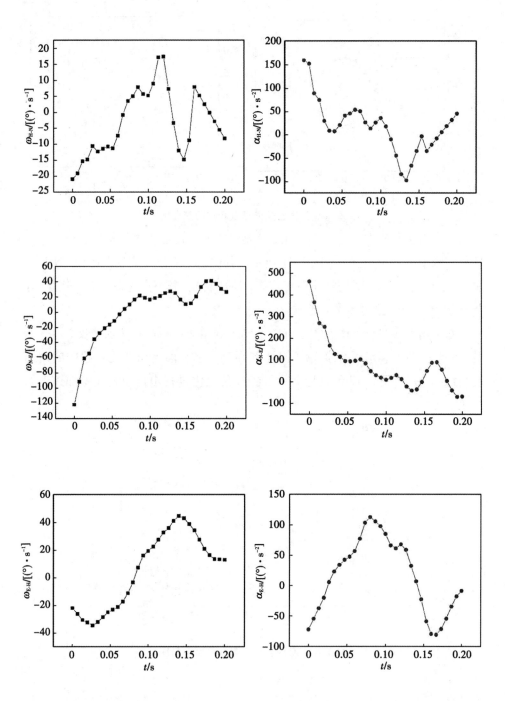

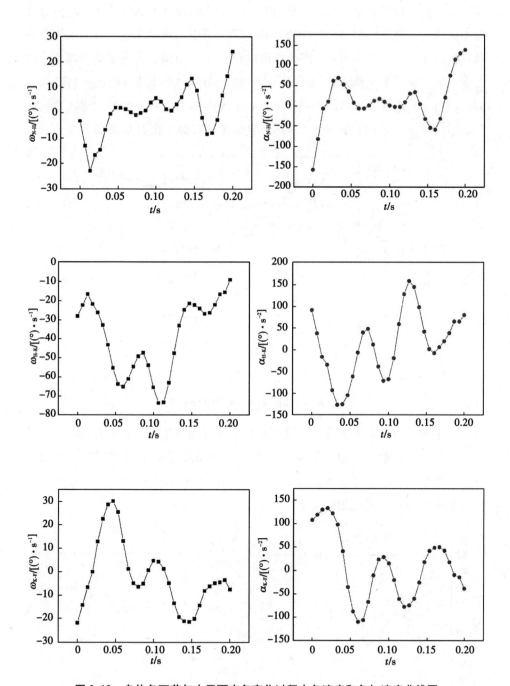

**图 2.12 身体各环节与水平面夹角变化过程中角速度和角加速度曲线图**

　　水平夹角以及角速度和角加速度是为了动力学计算中某些特殊情况换算过程中使用的。身体相邻环节夹角则是动力学分析中的重要参数。由于人体简化模型包含6个环节7个节点，因此模型应包含5个夹角。通过运动学解析，可以方便地获取5个夹角，即头颈(Head)－躯干(Body)、头颈(Head)－上臂(Upper Arm)、上臂(Upper Arm)－下臂(Lower Arm)、躯干(Body)－大腿(Thigh)和大腿(Thigh)－小腿(Shank)。各环节夹角角度趋势变化如图2.13所示。

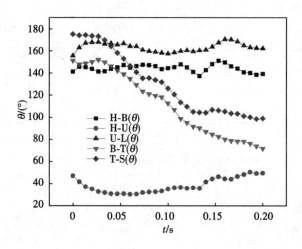

**图2.13　身体各环节间夹角变化曲线图**

　　在求解动力学方程过程中，相邻环节夹角的角速度($\omega$)和角加速度($\alpha$)是非常重要的计算参数。通过运动学分析，SIMI系统提取了身体相邻环节夹角变化过程中的角速度和角加速度，图2.14清晰地展示了各夹角变化过程中角速度和角加速度的变化趋势。

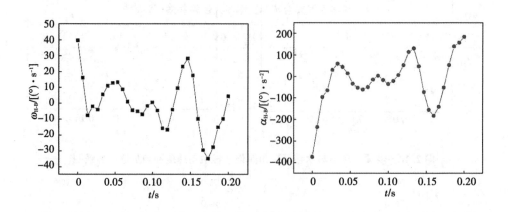

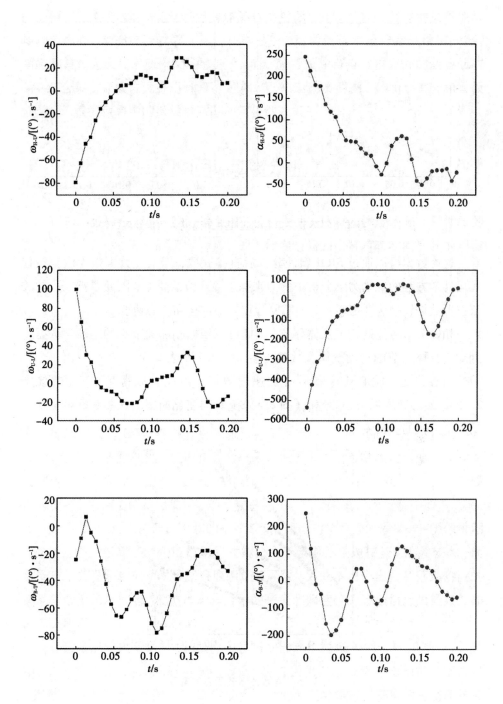

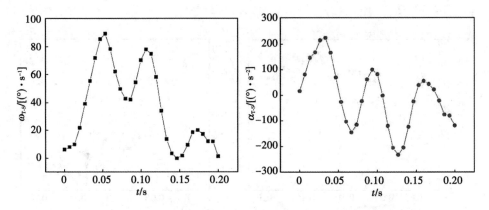

**图 2.14　身体相邻环节夹角变化过程中角速度和角加速度曲线图**

　　这些数据可以通过 SIMI 软件分析后直接获取，但上述数据是无法直接代入运动学方程的。动力学分析中的力来源于各环节的质心，因此要把获取的关节位置数据转换为质心数据，即需要计算质心位移和质心速度。

　　相邻关节点连线构成人体环节，因此可以根据相邻关节点的运动学数据得到对应身体环节的运动规律和数据。参照表 2.1 至表 2.3，可以计算出每个环节的质心位置、质心速度和质心加速度数据。由此可以得到质心位置（图 2.15）、质心速度和质心加速度（图 2.16）随时间变化曲线。这些数据将是求解动力学方程的重要变量。

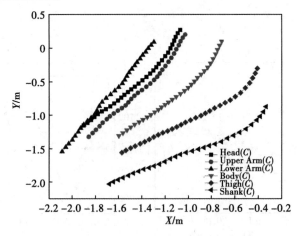

**图 2.15　身体各环节质心位置图**

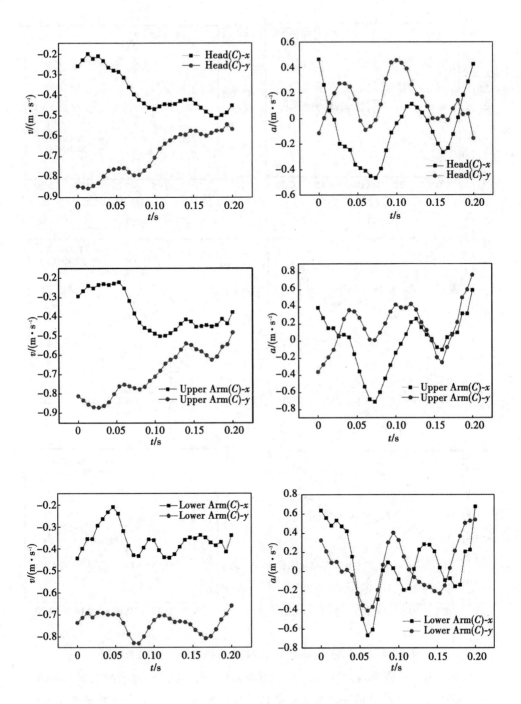

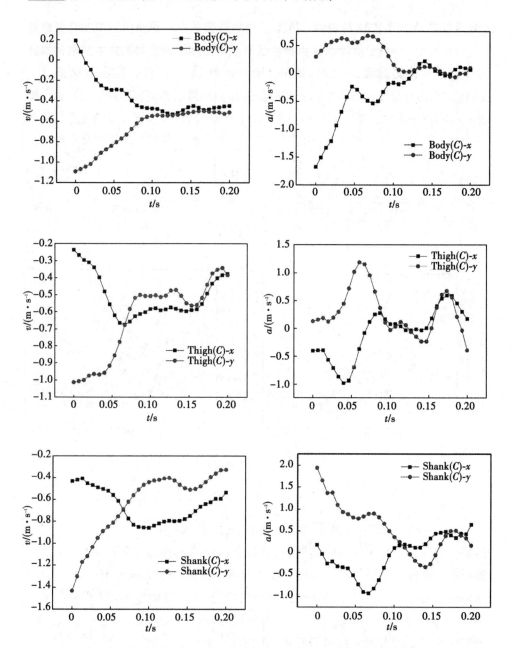

**图2.16　身体各环节质心 X 方向和 Y 方向速度、加速度曲线图**

在动力学方程求解过程中，除了身体各环节质心位置、速度和加速度参数，还需要质心—关节点（由于模型中力的传递方向朝下，因此关节点为环节下方节点）与本环节的夹角参数。根据已有的采集和计算数据，结合人体简化模型中各身体环节的空间位置，可以较为容易地获取这些重要的夹角参数。其角度变化趋势如图 2.17 所示。

由于运动员落地阶段,雪板落在 37.5°的着陆坡上。根据小腿与雪面的夹角和环节夹角可以推导出身体各环节的水平夹角。这些角度数据将作为后续动力学方程中的重要角度参数被调用。

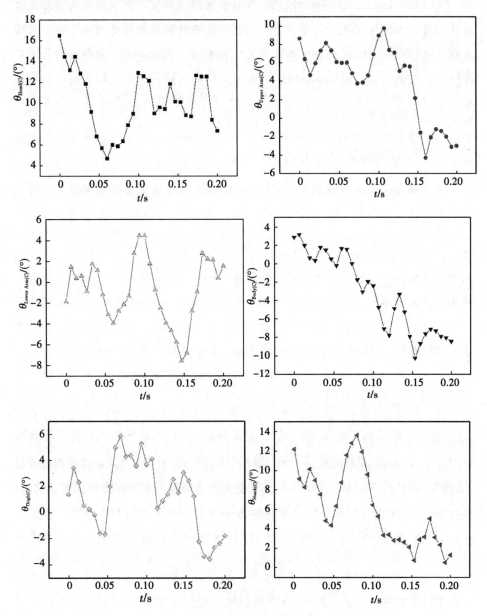

图 2.17  质心与身体环节夹角变化曲线图

## 2.3  运动员落地阶段动力学分析

为了研究空中技巧运动员落地阶段膝关节受力情况,本书将人体简化为多刚体系统。多刚体系统动力学的研究包括建模方法和数值算法两个方面。建模是指,根据实际问题需要,将系统抽象成多刚体、多柔体或刚柔耦合的多刚体系统,并对系统中的物理量进行分析描述。数值算法则是指,利用数学理论和方法推导出多刚体系统动力学方程(非线性的常微分方程组或微分代数方程组),通过计算机得到数值解和多刚体系统的动力学特性。

### 2.3.1  多刚体系统研究方法

多刚体系统是由任意有限个刚体以各种形式的接头连接起来的系统[14]。两个刚体的接头称为“铰”。“铰”具有广泛的含义,可以是柱形铰链、球形铰链、万向联轴节等。在人体多刚体动力学研究中,基于人体解剖学对于人体关节的描述,可以清晰地将人体关节与多刚体动力学的“铰”相对应。由于人体各环节之间存在肌肉、关节软骨和韧带等组织,因此刚柔耦合多刚体系统模型较为适合本书研究。

目前,常用的多刚体系统动力学研究方法主要如下。① Newton-Euler 方法:将刚体在空间或平面的运动分解为随着其上某点的平动和绕其上某点的转动,然后分别用 Newton 或 Euler 方程处理求解[15];② Lagrange 方程:以能量的观点建立起来的含有动能函数的方程,避开了关于力、速度、加速度等矢量的运算;③ Kane 方法:利用广义速率代替广义坐标描述系统的运动,直接利用 D'Alembert 原理建立动力学方程,既适用于完整系统,也适用于非完整系统[16];④ Roberson-Wittenburg 方法:用系统每个铰的广义坐标来描述连接刚体之间的相对转角或位移,用图论中的关联矩阵和通路矩阵来描述系统的结构和通路关系,用矢量、张量、矩阵形成系统的运动学和动力学方程。

Newton-Euler 方法及 Lagrange 方程是传统的经典力学方法,对于构件较少、自由度不多的简单系统有较好的实用性。随着组成系统刚体数目的增多、连接状况和约束方程的复杂,运动方程的建立和求解将面临很大困难,且不便于利用计算机进行分析。Kane 方法得到的方程组是关于广义坐标导数的一阶微分方程组,方程数目最少,而且与系统自由度数目相同,宜于运用数值方法求解。Roberson-Wittenburg 方法将图论应用于描述多刚体系统的特征,以系统的图代替多刚体系统结构的连接,从而建立了面向现代计算技术的,运动方程推导简化的,对计算机应用友好的多刚体动力学体系。

## 2.3.2 多刚体系统简化模型建立

根据 2#高速摄像机采集的空中技巧运动员落地阶段视频解析数据,并结合其动作特点,本书在松井秀治人体模型的基础上,对运动员人体模型进行了化简。简化后的人体模型由原来的 15 个刚体变为 6 个刚体,简化过程如图 2.18所示。简化过程中,将松井秀治人体模型中的头环节与颈环节合为一个环节,手环节与前臂环节合为一个环节,足环节与小腿环节合为一个环节。

根据以往研究以及现场采集的视频可以发现:运动员成功落地时,多呈左右对称姿态,即左、右侧上肢和左、右侧下肢从侧面(2#摄像机)观察基本重合。为了更便捷地计算运动员落地阶段膝关节受力,本书将三维空间坐标简化为二维平面坐标,通过对简化的人体模型进行建模与分析,能够更方便地建立运动员落地阶段的多刚体动力学方程,并求解膝关节的受力。

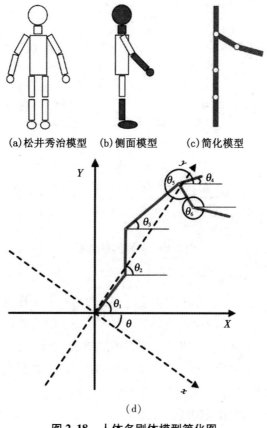

(a)松井秀治模型 　(b)侧面模型 　(c)简化模型

(d)

**图 2.18　人体多刚体模型简化图**

完成计算需要采集或获取参数数值，例如环节质心半径系数、环节相对质量等。根据表2.1至表2.3可获取简化后人体模型相关参数的具体数值。已知志愿者身高 $h$，体重 $M$，以及各环节长度。可以推导：头颈环节质量 $m_4 = 0.077M$，半径系数 $\delta_4 = 0.46$；躯干质量 $m_3 = 0.479M$，半径系数 $\delta_3 = 0.52$；双侧上臂质量 $m_5 = 0.053M$，半径系数 $\delta_5 = 0.46$；双侧前臂+手质量 $m_6 = 0.048M$，半径系数 $\delta_6 = 0.48$；双侧大腿质量 $m_2 = 0.2M$，半径系数 $\delta_2 = 0.42$；双侧小腿+足质量 $m_1 = 0.145M$，半径系数 $\delta_1 = 0.51$。

### 2.3.3 多刚体系统的结构特征表达

#### 2.3.3.1 多刚体系统的结构分类

在多刚体系统中，如果任意两个刚体之间都有一条通路，此时称该系统为树形多刚体系统［开链结构，如图2.19(a)所示］；如果系统中至少有两个刚体存在两条或两条以上的通路，此时称该系统为非树形多刚体系统［闭链结构，如图2.19(b)所示］。

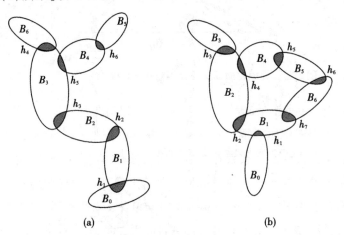

(a)　　　　　　　　　　　(b)

**图2.19　多刚体系统图**

#### 2.3.3.2 多刚体系统的有向图

图论是一个数学分支。在多刚体系统中，图是由若干顶点与连接顶点之间的线组成的。顶点代表系统中的刚体或零刚体，多用 $S_i$ 或 $S_0$ 表示。线可称为"边"，其表示"铰"，多用 $U_a$ 表示。为了不混淆下角标，一般规定 $i$，$j$，$k$ 为顶点的标号；$a$，$b$，$c$ 为边的标号。于是，一个多刚体系统的结构特征可以由图表示，从图中可以清楚地看出"顶点"和"边"的关系（图中的顶点位置以及边的长短曲直不会影响图的结构特征）。

　　有时，相邻刚体在做相对运动时，不但要选定一个刚体作为参考体，而且刚体间的相互作用力需要区分正负号，这就需要给图中的边标记方向。此时将带有箭头的"边"组成的图称为有向图。有向图中，"边"称为"弧"。图 2.20 表示多刚体系统及其对应的有向图。

　　这里还要引入两个整数函数 $i^+(a)$ 和 $i^-(a)$。其中，$i$ 是顶点标号，$a$ 是弧的标号。每个弧连接两个顶点，$i^+(a)$ 是弧 $a$ 所背离的顶点标号，$i^-(a)$ 是弧 $a$ 所指向的顶点标号。

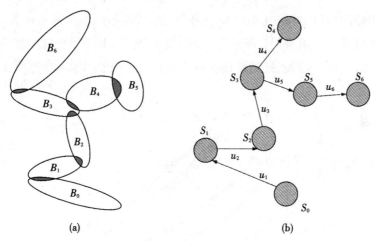

(a)　　　　　　　　　　　　　　(b)

**图 2.20　多刚体系统与有向图**

## 2.3.4　关联矩阵与通路矩阵

　　多刚体系统的结构特征主要表现在关联和通路上。刚体与铰之间的连接关系称为关联。多刚体系统内刚体、零刚体与铰之间的关联可以用矩阵表示(此矩阵行的标号应与顶点的标号对应，列的标号应与弧的标号对应)，矩阵 $S_{ia}$ 定义为[14]：

$$S_{ia} = \begin{cases} +1, & \text{当弧 } U_a \text{ 背离顶点 } S_i \text{ 时} \left[ \text{或 } i = i^+(a) \right] \\ -1, & \text{当弧 } U_a \text{ 指向顶点 } S_i \text{ 时} \left[ \text{或 } i = i^-(a) \right] \\ 0, & \text{当 } U_a \text{ 没有关联的顶点时} \end{cases} \quad (2.1)$$

$$(i = 0, 1, 2, \cdots, n; \ a = 0, 1, 2, \cdots, n)$$

此矩阵为 $(n+1) \times n$ 阶矩阵，称为完全关联矩阵 $S^H$，即

$$S^H = \begin{bmatrix} S_{01} & S_{02} & S_{03} & \cdots & S_{0n} \\ S_{11} & S_{12} & S_{13} & \cdots & S_{1n} \\ S_{21} & S_{22} & S_{23} & \cdots & S_{2n} \\ \vdots & \vdots & \vdots & & \vdots \\ S_{n1} & S_{n2} & S_{n3} & \cdots & S_{nn} \end{bmatrix} \qquad (2.2)$$

对于图 2.20(b) 所示的树形有向图,其完全关联矩阵为

$$S^H = \begin{bmatrix} +1 & 0 & 0 & 0 & 0 & 0 \\ -1 & +1 & 0 & 0 & 0 & 0 \\ 0 & -1 & +1 & 0 & 0 & 0 \\ 0 & 0 & -1 & +1 & +1 & 0 \\ 0 & 0 & 0 & -1 & 0 & 0 \\ 0 & 0 & 0 & 0 & -1 & +1 \\ 0 & 0 & 0 & 0 & 0 & -1 \end{bmatrix} \qquad (2.3)$$

当然,完全关联矩阵可以写成分块矩阵形式:

$$S^H = \begin{bmatrix} S_0 \\ S \end{bmatrix} \qquad (2.4)$$

其中

$$S_0 = \begin{bmatrix} S_{01} & S_{02} & \cdots & S_{0n} \end{bmatrix} \qquad (2.5)$$

$$S = \begin{bmatrix} S_{11} & S_{12} & \cdots & S_{1n} \\ S_{21} & S_{22} & \cdots & S_{2n} \\ \vdots & \vdots & & \vdots \\ S_{n1} & S_{n2} & \cdots & S_{nn} \end{bmatrix} \qquad (2.6)$$

此时,图 2.20(b) 的有向图可表示为

$$S_0 = \begin{bmatrix} +1, & 0, & 0, & 0, & 0, & 0 \end{bmatrix} \qquad (2.7)$$

$$S = \begin{bmatrix} -1 & +1 & 0 & 0 & 0 & 0 \\ 0 & -1 & +1 & 0 & 0 & 0 \\ 0 & 0 & -1 & +1 & +1 & 0 \\ 0 & 0 & 0 & -1 & 0 & 0 \\ 0 & 0 & 0 & 0 & -1 & +1 \\ 0 & 0 & 0 & 0 & 0 & -1 \end{bmatrix} \qquad (2.8)$$

可以看出,数值为-1的元素都在对角线上,数值为+1的元素都在上三角形内。完全关联矩阵的每一列必有一个+1的元素和一个-1的元素,其他均为

零。+1 和−1 所在的行标号为关联的两个刚体，关联的铰是其对应的列标号。可见，给出一幅图可以写出其关联矩阵；反之，给出一个关联矩阵可以得到一幅图。

通路矩阵是在多刚体系统研究中另一个表征系统结构特征的矩阵，用 $T$ 表示，它的元素为 $T_{ai}$。通路矩阵中行的标号对应弧的标号，列的标号对应顶点的标号，元素 $T_{ai}$ 定义为[14]：

$$T_{ai} = \begin{cases} +1, & \text{当弧 } U_a \text{ 在顶点 } S_0 \text{ 至 } S_i \text{ 的通路上，并指向 } S_0 \text{ 时} \\ -1, & \text{当弧 } U_a \text{ 在顶点 } S_0 \text{ 至 } S_i \text{ 的通路上，并背离 } S_0 \text{ 时} \\ 0, & \text{当弧 } U_a \text{ 不属于 } S_0 \text{ 至 } S_i \text{ 的通路上时} \end{cases} \quad (2.9)$$

$$(a = 0, 1, 2, \cdots, n; i = 0, 1, 2, \cdots, n)$$

根据定义可以得到图 2.20(b) 的通路矩阵

$$T = \begin{bmatrix} -1 & -1 & -1 & -1 & -1 & -1 \\ 0 & -1 & +1 & 0 & 0 & 0 \\ 0 & 0 & -1 & +1 & +1 & 0 \\ 0 & 0 & 0 & -1 & 0 & 0 \\ 0 & 0 & 0 & 0 & -1 & +1 \\ 0 & 0 & 0 & 0 & 0 & -1 \end{bmatrix} \quad (2.10)$$

关联矩阵与通路矩阵之间存在两个重要的关系式：

$$T^T S_0{}^T = -\{1\}_n \quad (2.11)$$

$$TS = ST = E \quad (2.12)$$

式中，$\{1\}_n$——元素均为 1 的 $n$ 元列阵；

$E$——$n \times n$ 的单位矩阵。

## 2.3.5 多刚体系统的速度和加速度

从图 2.18 中可以看出，本书的人体简化模型为 6 个刚体、6 个转动铰(柱形铰、万向接头与球铰的统称)组成的树形系统，如图 2.21 所示。图中 $B_0$ 代表着陆坡的零刚体，阴影部分为铰。根据运动生物力学对人体关节活动自由度的解释，颈部、肩关节和髋关节具有 3 个自由度，它们属于球铰。由于运动员在落地过程中颈部、肩关节和髋关节局部锁紧，因此可将其视为(万向接头)具有 2 个自由度。在解剖学中，肘关节、膝关节和踝关节在满足屈伸运动的同时，还可以发生轻微内旋与外展运动，具有 2 个自由度，应属于万向接头。由于在运动员落地时肘关节、膝关节的内、外旋被肌肉力矩锁定，因此肘关节与膝关节具有 1 个自由度，属于柱形铰。

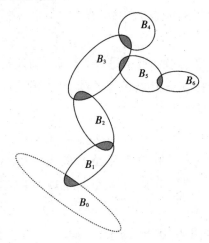

**图 2.21　人体多刚体模型图**

设 $P_{as}$ 是铰 $u_a$ 转动轴的单位矢量，其中 $s$ 为自由度($s=1$, 2, 3)。对于柱形铰 $P_{a1}$，万向接头为 $P_{a1}$ 和 $P_{a2}$，球铰为 $P_{a1}$，$P_{a2}$ 和 $P_{a3}$。由于本书的人体简化多刚体模型无球铰，因此此时图 2.21 的人体多刚体模型可表示为铰自由度方位图，如图 2.22 所示。

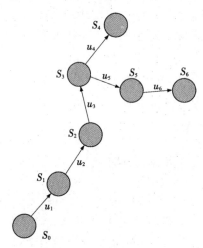

**图 2.22　铰自由度方位图**

在铰 $u_a$ 的内接刚体 $i^+(a)$ 中，用 $\varphi_{a1}$ 表示柱形铰 $u_a$ 关联的刚体 $i^+(a)$ 与 $i^-(a)$ 的相对转角，并取其为广义坐标；同理，以 $\varphi_{a1}$ 和 $\varphi_{a2}$ 表示与万向接头铰 $u_a$ 关联的刚体 $i^+(a)$ 与 $i^-(a)$ 分别沿转轴 $P_{a1}$ 和 $P_{a2}$ 的相对转角，并取 $\varphi_{a1}$ 和 $\varphi_{a2}$ 为广义坐

标。约定 $\overline{\Omega}_a$ 表示刚体 $i^-(a)$ 相对 $i^+(a)$ 的角速度，可以得到

$$\overline{\Omega}_a = \sum_{s=1}^{2} P_{as}\dot{\varphi}_{as} \quad (a = 1, 2, \cdots, n) \tag{2.13}$$

对于树形系统，可以将式(2.13)简化为

$$\overline{\Omega} = p^{-\mathrm{T}}\dot{\varphi} \tag{2.14}$$

式中，$\overline{\Omega} = [\overline{\Omega}_1, \overline{\Omega}_2, \cdots, \overline{\Omega}_n]^{\mathrm{T}}$；$\dot{\varphi} = [\dot{\varphi}_{11} \quad \dot{\varphi}_{12} \quad \dot{\varphi}_{21} \quad \dot{\varphi}_{22}, \cdots, \dot{\varphi}_{n1} \quad \dot{\varphi}_{n2}]^{\mathrm{T}}$；

而

$$\overline{p}^{\mathrm{T}} = \begin{bmatrix} p_{11} & p_{12} \\ p_{21} & p_{22} \\ \vdots & \vdots \\ p_{n1} & p_{n2} \end{bmatrix} \tag{2.15}$$

矩阵 $\overline{p}$ 是由系统中各铰转轴的单位矢量构成的，其中的每一列都对应一个铰，因此 $\overline{p}$ 称为铰链矩阵。

刚体 $i^-(a)$ 相对刚体 $i^+(a)$ 的加速度可以表示为 $\dot{\overline{\Omega}}$，其中·表示 $\overline{\Omega}$ 相对刚体 $i^+(a)$ 求导的符号，此时相对加速度

$$\dot{\overline{\Omega}} = \sum_{s=1}^{2} \left(P_{as}\ddot{\varphi} + \sum_{r=1}^{2} \frac{\partial p_{as}}{\partial \varphi_{ar}}\dot{\varphi}_{as}\dot{\varphi}_{ar}\right) \quad (a = 1, 2, \cdots, n) \tag{2.16}$$

此时内接轴铰 $\frac{\partial p_{as}}{\partial \varphi_{ar}} = 0$，外接轴铰 $\frac{\mathrm{d}p_{a2}}{\mathrm{d}t} = \overline{\Omega}_a \times \overline{p}_{a2} = \dot{\varphi}_{a1}\overline{p}_{a1} \times \overline{p}_{a2}$，如令

$$\overline{W}_a = \sum_{s=1}^{2}\sum_{r=1}^{2} \frac{\partial p_{as}}{\partial \varphi_{ar}}\dot{\varphi}_{ar}\dot{\varphi}_{as} \tag{2.17}$$

可以得到

$$\dot{\overline{\Omega}} = \sum_{s=1}^{2} p_{as}\ddot{\varphi}_{as} + \overline{W}_a \quad (a = 1, 2, \cdots, n) \tag{2.18}$$

即

$$\dot{\overline{\Omega}}_a = \overline{p}_a^{\mathrm{T}}\ddot{\varphi} + \overline{W} \tag{2.19}$$

在系统中，任意刚体相对惯性空间的绝对角速度和绝对角加速度分别用 $\overline{\omega}$ 和 $\dot{\overline{\omega}}$ 表示。因此，任意刚体 $B_i$ 的绝对加速度 $\overline{\omega}_i$ 等于此刚体至零刚体的通路中各对相邻刚体间相对角速度之和，通路矩阵中的元素 $T_{ai}$ 为负值，可以得到

$$\overline{\omega}_i = \overline{\omega}_0 - \sum_{a=1}^{n} T_{ai}\overline{\Omega}_a \tag{2.20}$$

如令 $n=i$，此时任意刚体 $i$ 的角加速度可推导为

$$\dot{\overline{\omega}}_i = \dot{\overline{\omega}}_0 - \sum_{a=1}^{n} T_{ai} \dot{\overline{\Omega}}_a \qquad (2.21)$$

应用绝对导数与相对导数的关系，求解 $B_i$ 的角加速度：

$$\dot{\overline{\omega}}_i = \dot{\overline{\omega}}_0 - \sum_{a=1}^{n} T_{ai} (\dot{\overline{\Omega}}_a + \overline{\omega}_a \times \overline{\Omega}_a) \qquad (2.22)$$

如令 $\overline{W}_a^* = \overline{\omega}_a \times \overline{\Omega}_a$，则角加速度：

$$\dot{\overline{\omega}}_i = \dot{\overline{\omega}}_0 - \sum_{a=1}^{n} T_{ai} (\dot{\overline{\Omega}}_a + \overline{W}_a^*) \qquad (2.23)$$

式（2.20）和式（2.21）为系统中任意刚体 $B_i$ 的角速度和角加速度表达式，在树形系统中，这两个式子可以转换为矩阵形式：

$$\overline{\omega} = \overline{\omega}_0 \{1\}_n - \boldsymbol{T}^{\mathrm{T}} \overline{\Omega} \qquad (2.24)$$

$$\dot{\overline{\omega}} = \dot{\overline{\omega}}_0 \{1\}_n - \boldsymbol{T}^{\mathrm{T}} (\dot{\overline{\Omega}} + \overline{W}^*) \qquad (2.25)$$

随后将式（2.14）和式（2.19）分别代入式（2.25），得到

$$\overline{\omega} = -(\boldsymbol{pT})^{\mathrm{T}} \dot{\varphi} + \overline{\omega}_0 \{1\}_n \qquad (2.26)$$

$$\dot{\overline{\omega}} = -(\overline{\boldsymbol{pT}})^{\mathrm{T}} \dot{\varphi} - \boldsymbol{T}^{\mathrm{T}} (\overline{W} + \overline{W}^*) + \dot{\overline{\omega}} \{1\}_n \qquad (2.27)$$

式（2.26）和式（2.27）为广义坐标下导数表达的角速度和角加速度，若令

$$\overline{f} = \overline{W} + \overline{W}^*$$

$$\overline{\beta} = -(\overline{\boldsymbol{pT}})^{\mathrm{T}}$$

$$\overline{H} = \overline{\omega}_0 \{1\}_n - \boldsymbol{T}^{\mathrm{T}} \overline{f}$$

则角速度和角加速度的简洁表达式为

$$\overline{\omega} = \overline{\beta} \dot{\varphi} + \overline{\omega}_0 \{1\}_n \qquad (2.28)$$

$$\dot{\overline{\omega}} = \overline{\beta} \ddot{\varphi} + \overline{H} \qquad (2.29)$$

## 2.3.6 多刚体系统的质心速度和质心加速度

若已知树形系统中的任意刚体 $B_i$ 的质心 $C_i$ 相对惯性空间的矢径为 $\overline{r}_i$，则能够求出质心速度 $\dot{\overline{r}}_i$ 和加速度 $\ddot{\overline{r}}_i$。在树形系统中，任意刚体 $B_i$ 至零刚体 $B_0$ 都有唯一一条通路，在通路上的每一个刚体有两个铰属于此通路，那么两铰之间的矢量称为通路矢量，用 $\overline{d}$ 表示。由刚体 $B_j$ 的质心 $C_j$ 引向与 $B_j$ 关联的铰的矢量 $\overline{c}_{ji}$ 称为体铰矢量。例如，任意刚体所关联的铰中只有一个与零刚体连通，即

$B_j$ 至 $B_0$ 的通路上必有与 $B_j$ 关联的铰, 称为内接铰 $\bar{c}_{j0}$; 刚体 $B_j$ 的其他铰均连通外侧刚体, 称为外接铰 $\bar{c}_{ji}$。因此加权对内接铰可以表示为 $\bar{C}_{j0} = S_{j0}\bar{c}_{j0}$; 加权对外接铰可以表示为 $\bar{C}_{ji} = S_{ji}\bar{c}_{ji}$。这里加权体铰矢量用 $\bar{C}$ 表示。$\bar{d}$ 与系统中铰的分布有关, 因此后续研究中需要对体铰矢量矩阵和通路矢量矩阵展开讨论。

加权体铰矢量 $C$ 的意义在于对系统中所有与刚体 $B_j$ 无关的铰所对应的 $\bar{C}_{ja}$ 均为零, 不为零的 $\bar{C}_{ja}$ 均背离零刚体 $B_0$ 由内侧指向外侧。零刚体 $B_0$ 是系统以外的刚体, 如规定其质心 $\bar{C}_0$ 在铰 1 上, 此时 $\bar{C}_{01} = 0$。以加权矢量 $\bar{C}_{ja}$ 为元素的 $n$ 阶矢量矩阵 $\bar{C}$, 称为体铰矢量矩阵, 它描述了系统刚体上铰的分布状况。

针对本书中根据人体简化模型建立的多刚体有向图(图 2.23), 可以建立体铰矩阵:

$$\bar{C} = \begin{bmatrix} -\bar{c}_{11} & \bar{c}_{12} & 0 & 0 & 0 & 0 \\ 0 & -\bar{c}_{22} & \bar{c}_{23} & 0 & 0 & 0 \\ 0 & 0 & -\bar{c}_{33} & \bar{c}_{34} & \bar{c}_{35} & 0 \\ 0 & 0 & 0 & -\bar{c}_{44} & \bar{c}_{45} & 0 \\ 0 & 0 & 0 & 0 & -\bar{c}_{55} & \bar{c}_{56} \\ 0 & 0 & 0 & 0 & 0 & -\bar{c}_{66} \end{bmatrix} \qquad (2.30)$$

由于采用了规则标号法, 该矩阵为上三角阵, 又由于加权, 对角线矢量元素均为负, 即背离零刚体, 由内侧指向外侧。将式(2.30)与通路矩阵 $T$ 相乘后转置, 得到通路矢量矩阵

$$\bar{D} = (\bar{C}T)^{\mathrm{T}}$$

通路矢量矩阵 $\bar{D}$ 的元素是通路矢量 $\bar{d}_{ji}$, 而

$$\bar{d}_{ij} = (\bar{C}T)_{ij} = \sum_{a=1}^{n} S_{ia}\bar{c}_{ia}T_{aj} \quad (i, j = 1, 2, \cdots, n)$$

所以

$$\bar{d}_{ji} = \sum_{a=1}^{n} S_{ja}\bar{c}_{ja}T_{ai} \qquad (2.31)$$

其中, $S_{ja}$ 和 $T_{ai}$ 不为零, 根据图 2.23 的关系可以推出:

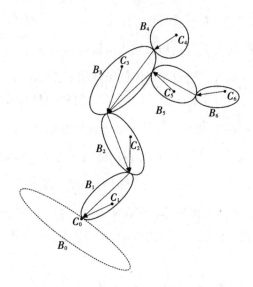

**图 2.23　人体简化模型的多刚体有向图**

$$\overline{\boldsymbol{D}} = \begin{bmatrix} \overline{d}_{11} & 0 & 0 & 0 & 0 & 0 \\ \overline{d}_{12} & \overline{d}_{22} & 0 & 0 & 0 & 0 \\ \overline{d}_{13} & \overline{d}_{23} & \overline{d}_{33} & 0 & 0 & 0 \\ \overline{d}_{14} & \overline{d}_{24} & \overline{d}_{34} & \overline{d}_{44} & 0 & 0 \\ \overline{d}_{15} & \overline{d}_{25} & \overline{d}_{35} & \overline{d}_{45} & \overline{d}_{55} & 0 \\ \overline{d}_{16} & \overline{d}_{26} & \overline{d}_{36} & 0 & \overline{d}_{56} & \overline{d}_{66} \end{bmatrix}$$

而刚体质心矢径可表达为 $\boldsymbol{r} = \overline{\boldsymbol{r}}_0 \{1\}_n - \overline{\boldsymbol{D}} \{1\}_n$，对其求导，可以得到刚体 $B_i$ 的质心 $C_i$ 的速度：

$$\dot{\overline{\boldsymbol{r}}}_i = \dot{\overline{\boldsymbol{r}}}_0 - \sum_{j=1}^{n} \dot{\overline{\boldsymbol{d}}}_{ji} \quad (i = 1,\ 2,\ \cdots,\ n) \tag{2.32}$$

由于 $\overline{\boldsymbol{d}}_{ji}$ 是连体矢量，因此有 $\dot{\overline{\boldsymbol{d}}}_{ji} = \overline{\boldsymbol{\omega}}_j \times \overline{\boldsymbol{d}}_{ji}$，其中 $\overline{\boldsymbol{\omega}}_j$ 为刚体 $B_j$ 的角速度。因而可求得刚体 $B_i$ 的质心 $C_i$ 的加速度：

$$\ddot{\overline{\boldsymbol{r}}}_i = \ddot{\overline{\boldsymbol{r}}}_0 - \sum_{j=1}^{n} \ddot{\overline{\boldsymbol{d}}}_{ji} \quad (i = 1,\ 2,\ \cdots,\ n)$$

而

$$\ddot{\overline{\boldsymbol{d}}}_{ji} = \dot{\overline{\boldsymbol{\omega}}}_j \times \overline{\boldsymbol{d}}_{ji} + \overline{\boldsymbol{\omega}}_j \times (\overline{\boldsymbol{\omega}}_j \times \overline{\boldsymbol{d}}_{ji})$$

有

$$\ddot{\bar{r}}_i = \ddot{\bar{r}}_0 - \sum_{j=1}^{n} \dot{\bar{\omega}}_j \times \bar{d}_{ji} - \sum_{j=1}^{n} \bar{\omega}_j \times (\bar{\omega}_j \times \bar{d}_{ji}) \tag{2.33}$$

因此，$B_i$ 质心 $C_i$ 的速度与加速度可以写成矩阵形式，即

$$\dot{\bar{r}} = \dot{\bar{r}}_0 \{1\}_n - \bar{\bar{D}} \times \bar{\omega} \tag{2.34}$$

$$\ddot{\bar{r}} = \ddot{\bar{r}}_0 \{1\}_n - \bar{\bar{D}} \times \dot{\bar{\omega}} \times \bar{G} \tag{2.35}$$

式中，$\bar{G} = [\bar{g}_1, \bar{g}_2, \cdots, \bar{g}_n]^T$，元素 $\bar{g}_1 = -\sum_{j=1}^{n} \bar{\omega}_j \times (\bar{\omega}_j \times \bar{d}_{ji})$。

## 2.4 树形多刚体系统的动力学方程

从方法来看，建立多刚体系统的动力学方程不存在原则性困难。通常采用质心运动定理和相对质心运动的动量矩定理就可以建立刚体动力学方程。因此，需要切除刚体上的铰，取隔离体并画出受力图。为了能够建立人体简化模型的多刚体动力学方程，本节将从动力学普通方程开始分析与推导。

### 2.4.1 增广体

为了建立人体简化模型的多刚体动力学方程，还要了解一个概念——增广体。增广体是一个假想的刚体。在多刚体系统中，每个刚体都可以构成一个相应的增广体。例如，在刚体 $B_i$ 的每一个体铰矢量 $\bar{c}_{ia}$ 的末端附加一个质点，此质点的质量等于除零刚体以外所有通过铰 $a$ 而与刚体 $B_i$ 直接或间接相连的刚体质量的总和。这个附加了质量的刚体称为刚体 $B_i$ 的增广体。

再引入由增广体质心 $C_i^*$ 为起点引出的连体矢量 $\bar{b}_{ij}$（广义体铰矢量）。当 $j=i$ 时，$\bar{b}_{ij} = \bar{b}_{ii}$，$\bar{b}_{ii}$ 是由增广体质心 $C_i^*$ 引向刚体质心 $C_i$；当 $j \neq i$ 时，$\bar{b}_{ij}$ 是由增广体质心 $C_i^*$ 引向直接或间接连接刚体 $B_j$ 的铰点 $u_a$ 的矢量。若 $j>i$，则表示刚体 $B_j$ 为刚体 $B_i$ 的外侧刚体；若 $j<i$，则表示刚体 $B_j$ 为刚体 $B_i$ 的内侧刚体。$\bar{b}_{ij}$ 可以写成

$$\bar{b}_{ij} = \begin{cases} \bar{b}_{ii} & (j=i) \\ \bar{b}_{ij} & (j>i) \\ \bar{b}_{i0} & (j<i) \end{cases} \tag{2.36}$$

根据 $\bar{b}_{ij}$ 的定义，可以推出下面两个关系式：

$$\sum_{j=1}^{n} m_j b_{ij} = 0 \quad (i=1, 2, \cdots, n) \tag{2.37}$$

$$\bar{d}_{ij} = \bar{b}_{i0} - \bar{b}_{ij} \quad (i=1, 2, \cdots, n) \tag{2.38}$$

从而可以推导出

$$\sum_{j=1}^{n} m_j \bar{d}_{ij} = \sum_{j=1}^{n} m_j (\bar{b}_{i0} - \bar{b}_{ij})$$

即

$$\sum_{j=1}^{n} m_j \bar{d}_{ij} = M \bar{b}_{i0} \tag{2.39}$$

此时，根据移轴公式

$$\bar{J}_0 = \bar{J}_C + (\bar{r}_C^2 \bar{E} - \bar{r}_C \bar{r}_C) M$$

可以求出刚体 $B_i$ 的增广体相对刚体 $B_i$ 内铰点的惯性张量：

$$\bar{K}_i = \bar{J}_i + \sum_{j=1}^{n} m_j (\bar{b}_{ij}^2 \bar{E} - \bar{b}_{ij} \bar{b}_{ij}) \quad (i=1, 2, \cdots, n) \tag{2.40}$$

和增广体相对刚体质心 $C_i^*$ 的惯性张量：

$$\bar{K}_i^* = \bar{J}_i + \sum_{j=1}^{n} m_j (\bar{b}_{ij}^2 \bar{E} - \bar{b}_{ij} \bar{b}_{ij}) \quad (i=1, 2, \cdots, n) \tag{2.41}$$

### 2.4.2 多刚体系统的动力学普通方程

现对树形多刚体系统中任意刚体 $B_i$ 做受力分析。系统中的刚体受到外力与内力的作用，将作用于刚体 $B_i$ 的外力向其质心简化，得到外力主矢 $\bar{F}_i$ 和外力主矩 $\bar{M}_i$，作用于铰 $a$ 上的内力以 $\bar{X}_a^R$ 表示，作用于铰 $a$ 上的内力矩包含约束力矩和控制力矩，分别以 $\pm \bar{Y}_a^R$ 和 $\pm \bar{Y}_a$ 表示。上面提到的上角标 $R$ 表示力与力矩是约束反力关系。正负号的选取通常规定为：作用在刚体外接铰上的力和力矩取"+"，作用在刚体内接铰上的力和力矩取"−"。

这里引入关联矩阵的元素 $S_{ta}$，则作用在刚体 $B_i$ 上的内力的合力可以表示为

$$\sum_{a=1}^{n} S_{ta} \bar{X}_a^R$$

作用在刚体 $B_i$ 的内力 $\bar{X}_a^R$ 对其质心 $C_i$ 的力矩为

$$\sum_{a=1}^{n} \bar{c}_{ia} \times S_{ia} \bar{X}_a^R = \sum_{a=1}^{n} S_{ia} \bar{c}_{ia} \times \bar{X}_a^R$$

应用质心运动定理和相对质心动量矩定理,刚体 $B_i$ 有下列方程:

$$m_i \ddot{\overline{r}}_i = \overline{F}_i + \sum_{a=1}^{n} S_{ia} \overline{X}_a^R \quad (i = 1, 2, \cdots, n) \tag{2.42}$$

$$\dot{\overline{L}}_i = \overline{M}_i + \sum_{a=1}^{n} S_{ia} (\overline{c}_{ia} \times \overline{X}_a^R + \overline{Y}_a^R + \overline{Y}_a) \quad (i = 1, 2, \cdots, n) \tag{2.43}$$

式中,$m_i$——刚体 $B_i$ 的质量;

$\overline{r}_i$——刚体 $B_i$ 的质心对惯性系某固定点 $O$ 的矢径;

$\overline{L}_i$——刚体 $B_i$ 对其质心的动量矩。

将式(2.42)和式(2.43)表示为矩阵形式:

$$m_i \ddot{\overline{r}}_i = \overline{F} + S \overline{X}^R \tag{2.44}$$

$$\dot{\overline{L}}_i = \overline{M} + \overline{C} \times \overline{X}^R + S (\overline{Y}^R + \overline{Y}) \tag{2.45}$$

式中,$M$——质量矩阵;

$S$——关联矩阵;

$\overline{C}$——体铰矢量矩阵。

## 2.4.3 建立 Roberson-Wittenburg 动力学方程

通过推导得到的方程(2.44)和方程(2.45)就是树形多刚体系统的动力学普通方程,它们表达了系统中各刚体的运动状态与作用力之间的关系。方程中含有约束反力和约束反力距,应从方程中消掉 $\overline{X}^R$ 和 $\overline{Y}^R$。将方程(2.44)两边乘以通路矩阵 $T$,可得

$$\overline{X}^R = T (m_i \ddot{\overline{r}}_i - \overline{F}) \tag{2.46}$$

将式(2.46)代入式(2.45),可得

$$\dot{\overline{L}}_i - \overline{C}T \times (m_i r_i - \overline{F}) = \overline{M} + S (\overline{Y}^R + \overline{Y})$$

将矢径表达为 $\overline{r} = \overline{r}_0 \{1\}_n - \overline{D} \{1\}_n$,做二阶导数,并带入上式,得到

$$\dot{\overline{L}}_i - (\overline{C}T) \times m (\ddot{\overline{C}T})^T \{1\}_n - (\overline{C}T) \times (\ddot{\overline{r}}_0 m \{1\}_n - \overline{F}) = \overline{M} + S (\overline{Y}^R + \overline{Y}) \tag{2.47}$$

对式(2.47)进行简化(式中,$\overline{C}T$ 的元素为 $\overline{d}_{ij}$,$\ddot{\overline{C}T}$ 的元素为 $\ddot{\overline{d}}_{ij}$)。因而 $(\overline{C}T) \times m (\ddot{\overline{C}T})^T$ 的元素为

$$\overline{g}_{ij} = \sum_{k=1}^{n} m_k \overline{d}_{ik} \times \ddot{\overline{d}}_{jk} \quad (i, j = 1, 2, \cdots, n) \tag{2.48}$$

而确定通路矢量 $\overline{d}_{ik}$ 需要讨论顶点 $S_i$ 的位置。如果需要 $\overline{d}_{ik}$ 不为零,需满足 $i \leqslant k$

和 $j \leqslant k$，即 $S_i$ 和 $S_j$ 都在 $S_k$ 和 $S_0$ 的路上。根据实际人体简化模型情况，有

$$\bar{g}_{ij} = \begin{cases} \sum_{k=1}^{n} m_k \bar{d}_{ik} \times \ddot{\bar{d}}_{ik} & (S_i = S_j) \\[2mm] \bar{d}_{ij} \times \sum_{k=1}^{n} m_k \ddot{\bar{d}}_{jk} & (S_i < S_j) \\[2mm] \sum_{k=1}^{n} m_k \bar{d}_{jk} \times \ddot{\bar{d}}_{ji} & (S_i > S_j) \end{cases} \qquad (2.49)$$

应用增广体的关系式(2.37)和关系式(2.38)，式(2.49)还可以进一步简化为

$$\bar{g}_{ij} = \begin{cases} \sum_{k=1}^{n} m_k \bar{d}_{ik} \times \ddot{\bar{d}}_{ik} & (S_i = S_j) \\[2mm] M \bar{d}_{ij} \times \ddot{\bar{b}}_{j0} & (S_i < S_j) \\[2mm] M \bar{b}_{i0} \times \ddot{\bar{d}}_{jk} & (S_i > S_j) \end{cases} \qquad (2.50)$$

这样式(2.47)可以写成

$$\dot{\bar{L}}_i + \sum_{k=1}^{n} m_k \bar{d}_{ik} \times \ddot{\bar{d}}_{ik} + M \left( \sum_{j:\,S_i < S_j} \bar{d}_{ij} \times \ddot{\bar{b}}_{j0} + \bar{b}_{i0} \times \sum_{j:\,S_i < S_j} \ddot{\bar{d}}_{ji} \right) - \sum_{j=1}^{n} \bar{d}_{ij} \times (m_j \ddot{\bar{r}}_0 - \bar{F}_j)$$

$$= \bar{M} + \sum_{a=1}^{n} S_{ia} (\bar{Y}_a^R + \bar{Y}_a) \quad (i,\ j = 1,\ 2,\ \cdots,\ n) \qquad (2.51)$$

由于 $\dot{\bar{L}}_i + \sum_{k=1}^{n} m_k \bar{d}_{ik} \times \ddot{\bar{d}}_{ik}$ 是刚体 $B_i$ 的增广体对内铰点动量矩的时间导数，而刚体 $B_i$ 的微分体质量为 $\mathrm{d}m$，$\bar{\rho}'$ 表示由内铰点 $a$ 引向 $\mathrm{d}m$ 的矢量。因此刚体 $B_i$ 对质心 $C_i$ 的动量矩为 $\bar{L}_i = \int \bar{\rho} \times \dot{\bar{\rho}} \mathrm{d}m$，其对时间的绝对导数为 $\dot{\bar{L}}_i^a = \int \bar{\rho}' \times \ddot{\bar{\rho}}' \mathrm{d}m$。考虑到 $\int \bar{\rho} \mathrm{d}m = 0$，因此，有

$$\dot{\bar{L}}_i^a = \dot{\bar{L}}_i + m_i \bar{d}_{ii} \times \ddot{\bar{d}}_{ii} \qquad (2.52)$$

而刚体在其他铰点所附加质量对铰的动量矩导数为 $\sum_{k=1(k \neq i)}^{n} m_k \bar{d}_{ik} \times \ddot{\bar{d}}_{ik}$，因此式(2.51)中 $\dot{\bar{L}}_i + \sum_{k=1}^{n} m_k \bar{d}_{ik} \times \ddot{\bar{d}}_{jk}$ 可以表示为

$$\dot{\bar{L}}_i + m_i \bar{d}_{ii} \times \ddot{\bar{d}}_{ii} + \sum_{n} m_k \bar{d}_{ik} \times \ddot{\bar{d}}_{ik}$$

设 $\overline{K}_i$ 为增广体对内铰点的惯量张量，$\overline{\omega}_i$ 为绝对角速度，此时刚体 $B_i$ 的增广体对内铰点的动量矩 $\overline{K}_i \cdot \overline{\omega}_i$ 的绝对导数可以写成

$$\overline{K}_i \cdot \dot{\overline{\omega}}_i + \overline{\omega}_i \times \overline{K}_i \cdot \overline{\omega}_i$$

式(2.51)中 $\sum\limits_{j=1}^{n} \overline{d}_{ij} \times (m_j \ddot{\overline{r}}_0 - \overline{F}_j)$ 的 $\sum\limits_{j=1}^{n} \overline{d}_{ij} \times m_j \ddot{\overline{r}}_0$ 和 $\sum\limits_{j=1}^{n} \overline{d}_{ij} \times \overline{F}_j$ 可以简化为

$M \overline{b}_{i0} \times \ddot{\overline{r}}_0$ 和 $\sum\limits_{j:\, S_i < S_j} \overline{d}_{ij} \times \overline{F}_j$，将上面简化的多项式代入式(2.51)，可得

$$\overline{K}_i \cdot \dot{\overline{\omega}}_i + \overline{\omega}_i \times \overline{K}_i \cdot \overline{\omega}_i + M\Big[ \sum_{j:\, S_i < S_j} \overline{d}_{ji} \times \ddot{\overline{b}}_{j0} + \overline{b}_{i0} \times \Big( -\ddot{\overline{r}}_0 + \sum_{j:\, S_i < S_j} \ddot{\overline{d}}_{ji} \Big) \Big] +$$

$$\sum_{j:\, S_i < S_j} \overline{d}_{ji} \times \overline{F}_j = \overline{M} + \sum_{a=1}^{n} S_{ia} (\overline{Y}_a^R + \overline{Y}_a) \tag{2.53}$$

式中，$\ddot{\overline{b}}_{j0}$ 和 $\ddot{\overline{d}}_{ji}$ 分别为 $\overline{b}_{j0}$ 与 $\overline{d}_{ji}$ 的二阶导数，因此有 $\ddot{\overline{b}}_{j0} = \dot{\overline{\omega}}_j \times \overline{d}_{ji} + \overline{\omega}_j \times (\overline{\omega}_j \times \overline{b}_{j0})$ 和 $\ddot{\overline{d}}_{ji} = \dot{\overline{\omega}}_j \times \overline{d}_{ji} + \overline{\omega}_j \times (\overline{\omega}_j \times \overline{d}_{ji})$ $(i=1, 2, \cdots, n)$。将 $\ddot{\overline{b}}_{j0}$ 和 $\ddot{\overline{d}}_{ji}$ 代入式(2.53)，左边只保留包括 $\dot{\overline{\omega}}$ 的项，则

$$\overline{K}_i \cdot \dot{\overline{\omega}}_i + M\Big[ \sum_{j:\, S_i < S_j} \overline{d}_{ij} \times (\dot{\overline{\omega}}_j \times \overline{b}_{ji}) + \overline{b}_{j0} \times \Big( \sum_{j:\, S_i < S_j} \dot{\overline{\omega}}_j \times \overline{d}_{ji} \Big) \Big]$$

$$= \overline{M} + \overline{M}_i' + \sum_{a=1}^{n} S_{ia} (\overline{Y}_a^R + \overline{Y}_a) \tag{2.54}$$

这里

$$\overline{M}_i' = -\overline{\omega}_i \times \overline{K}_i \cdot \overline{\omega}_i - M\Big\{ \sum_{j:\, S_i < S_j} \overline{d}_{ij} \times [\overline{\omega}_j \times (\overline{\omega}_j \times \overline{b}_{j0})] +$$

$$\overline{b}_{i0} \times \Big[ -\ddot{\overline{r}}_0 + \sum_{j:\, S_i < S_j} \overline{\omega}_j \times (\overline{\omega}_j \times \overline{d}_{ij}) \Big] \Big\} - \sum_{j:\, S_i < S_j} \overline{d}_{ij} \times \overline{F}_j$$

如果将式(2.54)中的双重矢积写成张量与矢量的标积，即

$$\overline{d}_{ij} \times (\dot{\overline{\omega}}_j \times \overline{b}_{j0}) = [(\overline{b}_{j0} \cdot \overline{d}_{ij})\overline{E} - \overline{b}_{j0} \cdot \overline{d}_{ij}] \cdot \dot{\overline{\omega}}_j$$

$$\overline{b}_{j0} \times (\dot{\overline{\omega}}_j \times \overline{d}_{ji}) = [(\overline{b}_{i0} \cdot \overline{d}_{ij})\overline{E} - \overline{b}_{ji}\overline{b}_{i0}] \cdot \dot{\overline{\omega}}_j$$

于是，可得

$$\overline{K}_i \cdot \dot{\overline{\omega}}_i + \sum_{j:\, S_i < S_j} M(\overline{b}_{j0} \cdot \overline{d}_{ij}\overline{E} - \overline{b}_{j0} \cdot \overline{d}_{ij}) \cdot \dot{\overline{\omega}}_j + \sum_{j:\, S_i \leqslant S_j} M(\overline{b}_{i0} \cdot \overline{d}_{ji}\overline{E} - \overline{d}_{ji} \cdot \overline{b}_{i0}) \cdot \dot{\overline{\omega}}_j$$

$$= \overline{M}_i' + \overline{M} + \sum_{a=1}^{n} S_{ia} (\overline{Y}_a^R + \overline{Y}_a) \tag{2.55}$$

由于式(2.55)左边各项都有张量与 $\dot{\overline{\omega}}_j$ 做标积，因此可以将 3 个张量用 1 个

新的张量统一表示，即

$$\overline{K}_{ij} = \begin{cases} \overline{K}_i & (S_i = S_j) \\ M(\overline{b}_{j0} \cdot \overline{d}_{ij}E - \overline{b}_{j0} \cdot \overline{d}_{ij}) & (S_i < S_j) \\ M(\overline{b}_{i0} \cdot \overline{d}_{ji}E - \overline{d}_{ji} \cdot \overline{b}_{i0}) & (S_i > S_j) \end{cases}$$

此时，方程(2.55)可以化简为

$$\sum_{j=1}^{n} \overline{K}_{ij} \cdot \dot{\overline{\omega}}_i = \overline{M}_i' + \overline{M} + \sum_{a=1}^{n} S_{ia}(\overline{Y}_a^R + \overline{Y}_a) \quad (i = 1, 2, \cdots, n) \quad (2.56)$$

引入 $n \times n$ 阶张量矩阵 $\overline{K}$，并将式(2.27)代入式(2.56)，可得

$$\overline{K} \cdot \{[-(\overline{p}T)^{\mathrm{T}}\ddot{\overline{\varphi}} - T^{\mathrm{T}}\dot{f} + \dot{\overline{\omega}}\{1\}_n]\} = \overline{M}_i' + \overline{M}_i + S(\overline{Y}^R + \overline{Y}) \quad (2.57)$$

为了尝试消去式(2.57)中的 $\overline{Y}^R$，方程前乘以 $T$，得到

$$\overline{Y}^R = \overline{TK} \cdot \{[-(\overline{p}T)^{\mathrm{T}}\ddot{\overline{\varphi}} - T^{\mathrm{T}}\dot{f} + \dot{\overline{\omega}}\{1\}_n]\} - \overline{M}_i' - \overline{M} - \overline{Y} \quad (2.58)$$

将 $\overline{Y}^R$ 与系统的铰链矩阵 $p$ 做标积，可以得到

$$\overline{p} \cdot \overline{Y}^R = \begin{bmatrix} p_{11} & & & \\ p_{12} & & & \\ & p_{21} & & \\ & p_{22} & & \\ \vdots & \vdots & \vdots & \\ & & p_{n1} \\ & & p_{n2} \end{bmatrix} \begin{bmatrix} \overline{Y}_1^R \\ \overline{Y}_2^R \\ \vdots \\ \overline{Y}_n^R \end{bmatrix} = \begin{bmatrix} p_{11} \cdot \overline{Y}_1^R \\ p_{12} \cdot \overline{Y}_1^R \\ \vdots \\ p_{n1} \cdot \overline{Y}_n^R \\ p_{n2} \cdot \overline{Y}_n^R \end{bmatrix}$$

对于分块矩阵中的元素，有

$$\begin{bmatrix} p_{a1} \cdot \overline{Y}_a^R \\ p_{a2} \cdot \overline{Y}_a^R \end{bmatrix} = \begin{bmatrix} p_{a1} \\ p_{a2} \end{bmatrix} \cdot \overline{Y}_a^R = \overline{p}_a^{\mathrm{T}} \cdot \overline{Y}_a^R$$

若 $a$ 铰是球铰，则 $\overline{Y}_a^R = 0$；若 $a$ 铰是万向接头，约束力矩 $\overline{Y}_a^R$ 与相交轴平面垂直，则 $p_a^{\mathrm{T}} \cdot \overline{Y}_a^R = 0$；若 $a$ 铰是柱形铰，$\overline{Y}_a^R$ 垂直于铰轴，则 $p_a^{\mathrm{T}} \cdot \overline{Y}_a^R = 0$。因此，方程(2.58)两端与铰链矩阵 $P$ 作标积，可以消去约束力矩，整理后可得

$$A \ddot{\overline{\varphi}} = B \quad (2.59)$$

式中

$$A = (\overline{p}T) \cdot \overline{K} \cdot (\overline{p}T)^{\mathrm{T}} \quad (2.60)$$

$$B = -(\overline{p}T) \cdot [\overline{K}(T^{\mathrm{T}}\dot{f} + \dot{\overline{\omega}}\{1\}_n)] + \overline{M}' + \overline{M} - \overline{p} \cdot \overline{Y} \quad (2.61)$$

## 2.4.4 求解人体动力学方程

依据上述原理可建立如图 2.24 所示人体简化模型。$B_i$ 表示人体各部分刚体，$h_i$ 表示各刚体间的铰链连接，$c_i$ 表示人体各部分的质心位置，$c_{ij}$ 表示刚体质心至铰点的矢量，$d_{ij}$ 表示刚体 $i$ 的通路矢量。

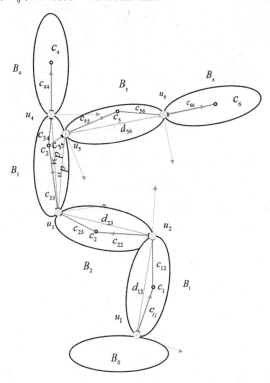

**图 2.24 基于 Roberson-Wittenburg 方法的人体简化模型图**

以一名运动员数据为例，男性，体重 68 kg，身高 175 cm，足+小腿长 48 cm，大腿长 49 cm，手+前臂长 44 cm，上臂长 31 cm，头+颈长 30 cm，躯干长 42 cm。运动装备中，雪鞋、雪板、服装、头盔与眼镜总重约 10 kg。根据表 2.2 和表 2.3，左右小腿环节相对质量占比约 10.7%，左右足环节相对质量占比约 3.8%。因此可以算出左右小腿、左右足质量约为 7.28 kg 和 2.58 kg。将以上参数以及运动学采集和推导参数代入 Roberson-Wittenburg 动力学方程，结合图 2.24，并根据式（2.59）至式（2.61），可以计算出身体各环节连接铰处的控制力矩。将运动学数据中关节夹角数据转换后代入方程，获得各铰链处的力矩曲线，如图 2.25 所示。

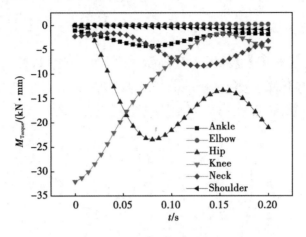

图 2.25  各关节铰力矩图

根据各铰的力矩数据可以换算各关节位置的受力情况，从而获得关节（铰）位置力矩与力的对应曲线，图 2.26 至图 2.31 分别为踝关节、肘关节、髋关节、膝关节、颈关节和肩关节的力矩曲线与受力曲线。

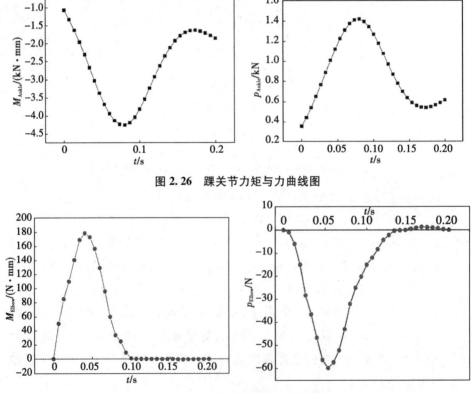

图 2.26  踝关节力矩与力曲线图

图 2.27  肘关节力矩与力曲线图

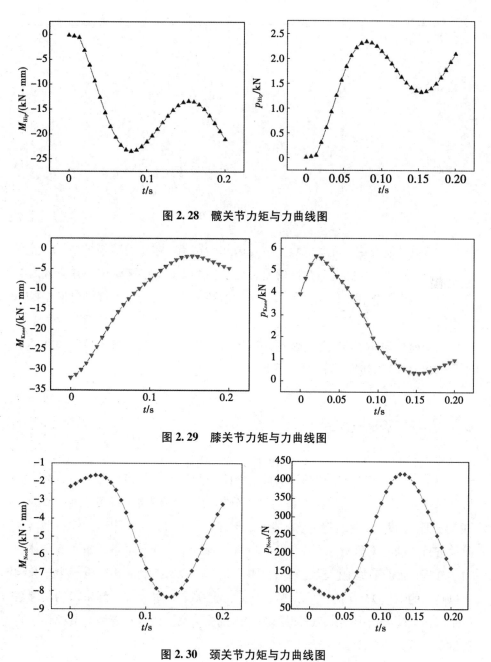

图 2.28　髋关节力矩与力曲线图

图 2.29　膝关节力矩与力曲线图

图 2.30　颈关节力矩与力曲线图

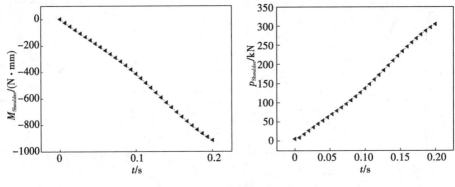

图 2.31　肩关节力矩与力曲线图

在后续的研究中，可以将膝关节受力作为载荷，在膝关节模型中，完成有限元计算，从而获得膝关节内部的受力情况，进而得到在该动作下膝关节内部存在应力集中的位置。仿真结果可以为后续膝关节护具的设计提供数据支撑和理论依据。需要注意的是，在以上计算中使用的人体模型是将有松井秀治 15刚体模型简化为 6 刚体模型，因此肩关节、肘关节、髋关节、膝关节以及踝关节的力矩和力与真实情况成 2 倍关系。

## 2.5　本章小结

在本章中，根据空中技巧运动员落地阶段身体姿态特点，将松井秀治人体模型简化为 6 刚体人体模型。将运动学分析中获取的参数（各关节、环节的位移、角度、速度、加速度等）与人体解剖学理论相结合，对 6 刚体人体模型落地阶段进行了动力学分析。利用 Roberson-Wittenburg 方法建立并求解了 6 刚体动力学方程，获得了落地阶段运动员 6 刚体关节位置的控制力矩数据。力矩数据可以转换为对应关节所受力值，从而为后续膝关节有限元分析提供了约束参数以及载荷数值。研究结果为获得膝关节内部受力情况以及解释膝关节损伤风险提供了重要的力学参数。

## 参考文献

[1] 刘焕彬,库在强,廖小勇.数学模型与实验[M].北京:科学出版社,2008.

[2] 卢德明.运动生物力学测量方法[M].北京:北京体育大学出版社,2001.

[3] 金季春.运动生物力学高级教程[M].北京:北京体育大学出版社,2007.

[4] 闫红光.运动生物力学[M].北京:北京师范大学出版社,2012.

[5] 纪仲秋,李建设.运动生物力学[M].北京:高等教育出版社,2001.

[6] 扎齐奥尔斯基.运动生物力学:运动成绩的提高与运动损伤的预防[M].北京:人民体育出版社,2004.

[7] 郑秀瑗.现代运动生物力学[M].北京:国防工业出版社,2002.

[8] 韦迪.自由式滑雪[M].沈阳:辽宁教育出版社,1995.

[9] JONES P E.The mechanics of takeoffs in the aerials event of freestyle skiing[D].Loughborough:Loughborough University, 2012.

[10] YEADON,MAURICE R.The limits of aerial twisting techniques in the aerials event of freestyle skiing[J].Journal of biomechanics,2013,46(5):1008-1013.

[11] LOU Y.Biomechanical characteristics of lower limbs in freestyle skiing aerial skill athletes during different landing postures[J].Chinese journal of sports medicine, 2016,35(4):333-338.

[12] 王新,马毅,郝庆威,等.自由式滑雪空中技巧技术诊断体系的研究[J].沈阳体育学院学报,2011,30(2):4-7.

[13] BRAUNE W, FISCHER O, BRAUNE W, et al.Determining the position of the centre of gravity in the living body in different attitudes and with different loads[J].Springer Berlin Heidelberg,1985:47-94.

[14] 刘延柱.高等动力学[M].北京:高等教育出版社,2001.

[15] ARDEMA M D.Newton-Euler dynamics[M].Berlin:Springer,2004.

[16] 凯恩,列文松.动力学理论与应用[M].北京:清华大学出版社,1988.

# 第 3 章 基于逆向工程技术

# 膝关节仿真研究

膝关节护具要针对膝关节运动特点和保护的位置来设计,了解空中技巧运动员膝关节损伤机理是护具设计的重要环节。最直接的损伤机理需要通过尸体试验进行研究[1],但尸体试验存在一定的弊端。首先,尸体的新鲜程度直接影响试验结果。其次,尸体的客观情况与所研究的人群存在很大差异,试验结果不能代表研究人群膝关节损伤情况。最后,尸体试验涉及较高费用和烦琐的伦理审查,对于试验的环境和设备提出的较高要求也是现有条件无法完全满足的。因此,本书选择有限元仿真的方法揭示运动员膝关节受力情况及损伤机理[2]。

在本章中,对膝关节解剖学、生物力学相关理论进行分析与整理;应用Mimics 医学影像控制软件对志愿者 CT,MRI 检测数据进行处理,得到膝关节骨组织、软骨组织以及韧带的三维数据;应用逆向工程软件 Geomagic Studio 软件实现膝关节各组织的三维重建;将模型导入 Abaqus 软件后,通过有效性验证,并成功地获取膝关节有限元模型;将第 2 章动力学方程求解得到的膝关节所受力值代入有限元模型后,得到膝关节受力的仿真结果;这一结果将为后续膝关节护具的设计提供重要的数据支撑。

## ◢◢ 3.1 膝关节力学原理

根据力学模型计算出胫骨平台以上身体环节落地缓冲阶段动量变化情况后,对于膝关节内部组织的受力情况要结合膝关节解剖结构、关节角度以及质心位置进行分析。从静力学角度来看,落地瞬间膝关节软骨和半月板会受到强大的冲击力作用,结合前倾、中立位和后倾落地几种情况来看,力作用的角度不同,将导致软骨和半月板受力情况出现差异。落地缓冲过程中股骨与胫骨将出现相对位移,这是无法避免的情况。

屈曲或伸直状态，前交叉韧带（Anterior Cruciate Ligament，ACL）和后交叉韧带（Posterior Cruciate Ligament，PCL）之间的相互作用帮助膝关节提供动态稳定[3]。由于 ACL 和 PCL 的起止点位置不同，其长度和张力在屈曲和伸直过程中始终发生变化。当完全伸直时，ACL 相对紧张，PCL 相对松弛；当膝关节屈曲时，ACL 相对松弛，PCL 相对紧张[3]。但在屈曲 20°~50°范围内，由于 ACL 与 PCL 都未达到足够紧张，而此时内侧副韧带（Medial Collateral Ligament，MCL）、外侧副韧带（Lateral Collateral Ligament，LCL）正处于松弛状态，膝关节的稳定性完全取决于周围肌肉和关节囊，此时膝关节稳定性最差。在缓冲瞬间，肌肉和关节囊的保护有限，此时交叉韧带受力将有明显变化。另外，如存在外力矩作用，膝关节容易出现内、外旋和内、外翻情况。这种不同方向的相对位移将对交叉韧带受力产生一定的影响。

## 3.1.1 半月板力学原理

膝关节半月板由纤维软骨组织构成，具有一定的弹性，能缓冲重力，起着保护关节软骨面的作用。半月板将膝关节腔分为不完全分隔的上、下两腔，除使关节头和关节窝更加适应外，也增加了运动的灵活性。半月板具有一定的活动性，屈膝时半月板向后移，伸膝时则向前移。根据半月板的形状及解剖结构可知，内侧半月板大而较薄，呈 C 形，前端狭窄而后端较宽；外侧半月板较小，呈 O 形[4]，中部宽阔，前、后部均较狭窄。半月板的主要功能是稳定膝关节、传导膝关节负载和营养关节。

在通常情况下，人体下肢运动时，半月板的功能具体表现为：不负重时，胫骨与股骨相分离，半月板衬垫于两者之间；负重时，半月板约 70%的部分属于负重区域，大大降低了作用于胫骨平台上的应力，起到保护关节软骨面的作用[5]。膝关节活动时，半月板始终在股骨与胫骨间滑动。内侧半月板前端起于胫骨髁间前窝，位于前交叉韧带的前方；后端附着于髁间后窝，位于外侧半月板与后交叉韧带附着点之间。外侧半月板前端附着于髁间前窝，位于前交叉韧带的后外侧；后端止于髁间后窝，位于内侧半月板后端的前方。

内侧半月板较外侧半月板移位小得多，且半月板在膝关节屈伸过程中可以自由变形，以适应膝关节的解剖形态[6]。这样，在运动中维持了膝关节生物力学传导的协调性，从而维持膝关节运动协调[7]。然而，膝关节的运动在某些特殊情况下会导致半月板异常工作，多发生于膝关节迅速屈伸、扭转过程中，如在此时关节接触面受到较大应力，则会导致半月板损伤。这种情况也有一定概率发生在运动员落地缓冲阶段，多是落地缓冲前未做好缓冲准备导致的。因为主动缓冲时，下肢肌肉提前发力，膝关节角度变化速度能够得到有效控制；而被动缓冲时，肌肉未提前收缩，在落地缓冲时膝关节角度变化较快，如半月板未及时跟随关节软骨运动，将导致半月板损伤。

可见，在空中技巧项目落地阶段，无论是软骨对半月板的冲击力，还是半月板自身运动状况，都存在安全隐患。能够降低损伤风险和安全隐患的有效方法是增加落地时膝关节的缓冲效果或延长膝关节屈曲时间。本书研究认为，可以通过穿戴个性化定制护膝为半月板提供有效保护。

## 3.1.2　膝关节主要韧带的力学原理

人体膝关节韧带的主要功能为：连接股骨与胫骨、限制股骨与胫骨相对运动，从而使关节稳定，起到保护关节的作用。在膝关节活动过程中，前交叉韧带、后交叉韧带、内侧（胫侧）副韧带、外侧（腓侧）副韧带、髌韧带等各条韧带分别担任不同的力学角色，以配合关节运动。

髌韧带为股四头肌腱的延续部，是人体最强大的韧带之一。它位于膝关节囊正前方，上起于髌尖及其后方的粗面，下止于胫骨结节。髌韧带两侧有自股内侧肌和股外侧肌延续来的内、外侧支持带，以加强关节囊，并防止髌骨向侧方脱位。基于髌韧带解剖结构的特点，空中技巧项目运动员发生急性髌韧带损伤的概率很低。

前交叉韧带起于胫骨髁间胫骨棘前部，向上后外止于股骨外髁窝侧面凹陷部，不仅可限制胫骨髁的前移，而且可以作为限制胫骨内旋和膝关节外翻的次级稳定结构[8]。根据空中技巧项目运动员落地阶段膝关节运动特征，结合前文分析的3种落地姿，当人体质心后倾落地时，运动员小腿环节质心与身体质心在运动方向上存在速度差异，在着陆坡支反力作用下，这种差异趋势迅速增大，导致小腿环节有较大的前移趋势。

后交叉韧带起于胫骨棘后部，向前上内止于股骨内髁窝侧面凹陷部，不仅可限制胫骨髁的后移，而且可以作为限制胫骨外旋和膝关节内、外翻的次级稳定结构[9]。当人体质心前倾落地时，运动员小腿环节质心与身体质心在运动方向上存在速度差异，支反力的作用将这种差异趋势迅速增大，此时小腿相对后移，后交叉韧带将迅速被拉伸。

内、外侧副韧带呈宽扁束状，位于膝关节内、外侧。内侧副韧带起于股骨内侧髁，向下附着于胫骨内侧髁及相邻骨体，与关节囊和内侧半月板紧密结合。

在膝关节有 30°~90°的屈曲时，内侧副韧带还起到限制外旋的作用，而在膝关节完全伸直时，则无此作用[10-11]。外侧副韧带起于股骨外上髁，向下止于腓骨小头外侧中部，与半月板之间以腘肌肌腱相隔，两者不直接相连。内侧副韧带和外侧副韧带在伸膝时处于紧张状态，屈膝时处于松弛状态，半屈膝时处于最松弛状态。因此，在落地缓冲前期，双腿处于近似伸直状态时，内、外侧副韧带处于绷紧状态，只要膝关节出现微小的内、外翻，都将增加内、外侧副韧带损伤的风险(图 3.1)。

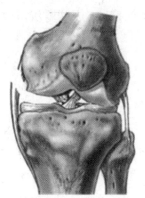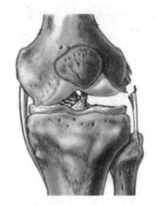

**图 3.1　内、外侧副韧带损伤示意图**

运动员在落地阶段，当膝关节处于半屈膝时，由于内、外侧副韧带呈松弛状态，因此膝关节可作少许内、外旋运动。在较大的冲击力作用下，加强了膝关节内、外旋或者外、内翻的效果，这些瞬间的翻、转变化将增大内、外侧副韧带的拉力，从而造成副韧带的运动损伤。

## 3.2　膝关节建模

20 世纪 70 年代以来，随着 CT 和 MRII 等医学成像技术的飞速发展，医学诊断和康复治疗取得了极大的发展[12-13]。尽管如此，二维断层图像的局限性依然无法回避。医生和康复技师仍然需要通过空间想象能力将二维图像在大脑中构建成三维模型。这一具体问题得到了医疗、康复等相关领域的重视。为了有效提高专业人员诊治的准确性和科学性，三维重建技术得到了广泛关注。通过三维重建技术，让二维断层序列得到了三维直观展示，而且可以获取相关解剖结构信息。

膝关节周围包含胫骨、腓骨、股骨和髌骨等骨组织以及半月板、韧带和肌肉等软组织，结构复杂。组织之间存在相对协调的静力与动力相互影响和制约，并通过神经系统的协调、反馈维持着膝关节的稳定。膝关节不同部位损伤后，在关节内部存在异常的应力分布和运动轨迹。因此，能够全方位、立体地剖析膝关节内组织情况，以获得所需数据资料，成为医学、康复、体育工程学等众多领域的热点。

本书选取空中技巧专业运动员志愿者一名，在签署《知情同意书》的前提下，于中国医科大学附属盛京医院（滑翔院区）完成试验所需的 CT 和 MRI 检测。

## 3.2.1 CT 与 MRI 成像技术

### 3.2.1.1 CT 成像原理与数据采集

CT 装置的出现实现了影像诊断的一个飞跃，解决了普通 X 线摄影不能解决的很多问题。CT 成像是真正的断层图像，同核素扫描和超声图像相比，CT 图像相对空间分辨率高，解剖关系明确，病变显影更好。CT 成像基本原理是用 X 线束对人体检查部位一定厚度的层面进行扫描，由探测器接收透过该层面的 X 线，转变为可见光后，由光电转换器转变为电信号，再经模拟/数字转换器转为数字信号，输入计算机处理。图像形成的处理犹如将选定层面分成若干个体积相同的长方体，称之为体素。扫描所得信息经计算而获得每个体素的 X 线衰减系数或吸收系数，再排列成矩阵，即数字矩阵，数字矩阵可存储于磁盘或光盘中。经过数字/模拟转换器，把数字矩阵中的每个数字转为由黑到白不等灰度的小方块，即像素，并按照矩阵排列，即构成 CT 图像。

对于骨与关节而言，CT 检测时，X 线平片常被骨皮质遮盖而不能显示，因此可以准确地分辨骨、肌肉内细小的病变。CT 检测不仅对于结构复杂的骨、关节的效果非常明显，而且对 X 线可疑病变，如关节面细小骨折、软组织脓肿、髓内骨肿瘤造成的骨皮质破坏，观察肿瘤向软组织浸润的情况也有较好的分辨和诊断能力[14]。此外，对骨破坏区内部及周围结构的显示（例如破坏区内的死骨、钙化、骨化以及破坏区周围骨质增生、软组织脓肿、肿物显示）明显优于常规 X 线平片。因此，对于膝关节骨组织分离和数据提取，CT 扫描是最佳方法之一。

本书中 CT 数据来源于中国医科大学附属盛京医院（滑翔院区）医学影像科，所用设备为西门子 64 排 128 层螺旋 CT 机。采集志愿者（现役国家空中技巧运动员,已签署《知情同意书》)右膝关节 377 张 DICOM 格式图片,断层厚度为 0.625 mm。

### 3.2.1.2　MRI 成像原理与数据采集

磁共振成像(magnetic resonance imaging,MRI)检测技术是在物理学领域发现磁共振现象基础上,20 世纪 70 年代继 CT 之后,借助电子计算机技术和图像重建数学的进展与成果发展起来的一种新型医学影像检查技术[15]。通过对静磁场中的人体施加某种特定频率的射频脉冲[16],使人体组织中的氢质子受到激励而发生磁共振现象,当终止射频脉冲后,质子在弛豫过程中感应出 MRI 信号;经过对 MRI 信号的接收、空间编码和图像重建等处理过程,即产生 MRI 图像,这种成像技术就是 MRI 技术。

本书中 MRI 数据来源于中国医科大学附属盛京医院(滑翔院区)医学影像科,所用设备为飞利浦 Ingenia 3.0T 核磁共振成像系统。采集志愿者相同体位右膝关节 256 张 DICOM 格式图片,断层厚度为 1 mm。

## 3.2.2　膝关节组织模型重建

### 3.2.2.1　医学影像控制系统的应用

Mimics(Materialise's interactive medical image control system)是 Materialise 公司生产的交互式医学影像控制系统,是模块化结构的软件,可以根据用户的不同需求有不同的搭配。Mimics 3D 图像生成及编辑处理软件能输入各种扫描的数据(CT,MRII),建立 3D 模型进行编辑,然后输出通用的 CAD(计算机辅助设计)、FEA(有限元分析)、RP(快速成型)格式,可以在 PC 机上进行大规模数据的转换处理[17]。本书使用的是 Mimics 17.0x64 版本。该软件可以将 CT 和 MRI 采集的 DICOM 图像数据导入,通过确定空间方向实现三维成像,使用方便。图 3.2 为 CT 数据导入时的截图,通过视图方位设定让软件能够按照正确的三维空间完成三维图像的建立。其中 A-P 表示前-后方向(Anterior-Posterior),L-R 表示左-右方向(Left-Right),T-B 表示上-下方向(Top-Bottom)。

将 CT 或 MRI 数据正确导入后,便可完成阈值分割,即 Thresholding 操作,将骨组织与软组织进行分割。然后根据需要使用区域增长工具,手动选取目标区域,从某些像素点出发,以组织边缘为界限进行逐层修复,最终实现目标提取。以股骨为例,如图 3.3 所示。

重建后的三维图像可以通过 Remesh 命令导入 Mimics 软件内嵌软件 3-matic Research 9.0(x64)中进行观察、修复和后处理,如图 3.4 所示。

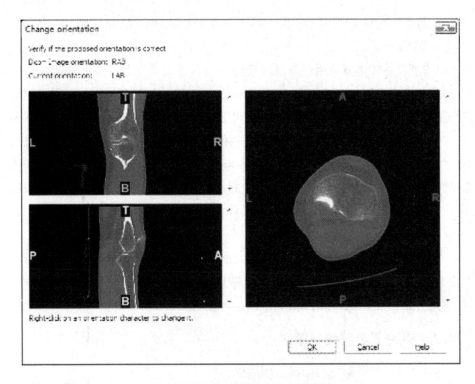

图 3.2　Mimics 软件空间方位设定图

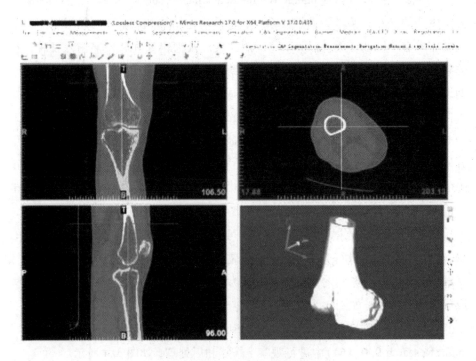

图 3.3　Mimics 软件中股骨提取图

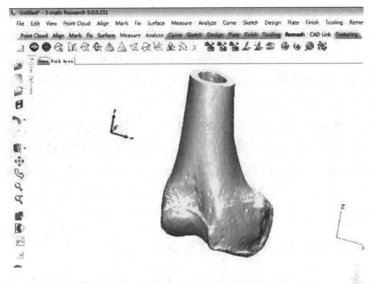

**图 3.4　3-matic Research 软件中股骨的后处理图**

对 MRI 数据处理时，要利用 Dynamic Regional Growing 算法将软组织和半月板从骨组织中分离。此算法从某些像素点出发，以组织边缘为界限进行逐层修复，最终实现目标提取。依据此方法分别对胫骨、腓骨、髌骨和半月板进行三维重建。基于 CT 中提取的骨组织和 MRI 中提取的半月板及软组织数据进行三维重建，由于扫描成像方式、切面方向的差异，在导入同一空间坐标系时，需要进行图像的融合与关键点的配准。Mimics 软件中的 Merge 很好地实现了对半月板及软组织的融合功能，在合理选取解剖学标志点的前提下，与已经重建好的骨组织进行配准，达到预定要求后，将骨组织与软组织进行融合。

其他骨组织、软骨组织以及软组织的提取方法类似。最后将 Mimics 软件中各组织的三维模型用"STL+"命令输出 stl 格式文件加以保存。该文件格式兼容性好，可以支持很多三维重建、逆向工程以及 3D 打印相关软件。

3.2.2.2　逆向工程技术应用

Geomagic Studio 2012(64 bit)是 Geomagic 公司推出的一款逆向软件，可根据任何实物零部件，通过扫描点点云自动生成准确的数字模型[18]。所谓逆向工程(又称逆向技术)，是一种产品设计技术再现过程，即对一项目标产品进行逆向分析及研究，从而演绎并得出该产品的处理流程、组织结构、功能特性及技术规格等设计要素，以制作出功能相近但又不完全一样的产品。逆向工程源于商业及军事领域中的硬件分析。其主要目的是在不能轻易获得必要的生产信息的情况下，直接从成品分析，推导出产品的设计原理。作为自动化逆向工程软件，Geomagic Studio 可满足严格要求的逆向工程、产品设计和快速原型的需求。借助该软件能够将三维扫描数据和多边形网络转换成精确的三维数字模型，并输出各种行业标准格式，包括 stl，iges，step，cad 等，为用户已经拥有的 CAD，CAE 和 CAM 工具提供了完美补充。

将应用 Mimics 软件保存的 stl 格式文件导入 Geomagic Studio。在软件中可以继续为模型进行网格医生修复、简化、网格划分、松弛和精确曲面等操作，最终生成所需的 stl 或 iges 格式文件。Geomagic Studio 软件的操作简单便捷，在功能上，不仅可以对整体模型进行简化、剪裁、松弛处理，而且可以对特定区域的重叠、冗余、孔等瑕疵进行删除、删减和填充操作。

### 3.2.3　膝关节模型的建立、优化与配准

在本书中，膝关节模型的建立与优化需要应用 Geomagic Studio 软件实现。将各组织的 stl 格式文件导入软件，分别导入的骨组织模型和软组织模型将在两个三维空间内展现各自整体结构。当然，可以根据研究对象单独调用、局部调用或融合后整体调用。如需对膝关节整体调用，还需完成骨组织和软组织融合配准。

#### 3.2.3.1　膝关节模型的建立

分别将单独建立的骨组织和软组织模型 stl 文件先后导入 Geomagic Studio 软件，获得骨组织模型(图 3.5)、软骨组织模型(图 3.6)和韧带模型(图 3.7)。在图 3.5 中，膝关节骨组织由股骨、髌骨、胫骨、腓骨构成。在图 3.6 中，膝关节的软骨组织由股骨软骨、胫骨平台软骨、半月板构成。在图 3.7 中，膝关节韧带组织主要由内侧副韧带、外侧副韧带、后交叉韧带、前交叉韧带构成，半月板是为了方便定标和方位参照添加的。

#### 3.2.3.2　膝关节模型的优化

在建模之前，每一个组织模型都需要必要的优化，并且在完成最终的膝关节整体模型过程中，同样需要细节的优化和关节位置、角度的调整与配准[19]。以膝关节中的胫骨模型为例，将胫骨 stl 文件导入 Geomagic Studio 软件可以发现，模型存在很多粗糙、不连续甚至缺失的部分，为了模型的完整、美观以及后续有限元分析前处理阶段的网格划分均匀合理，需要通过必要的手段进行修复和优化。

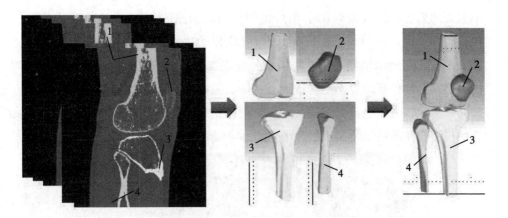

**图3.5　骨组织三维重建图**

1—股骨；2—髌骨；3—胫骨；4—腓骨

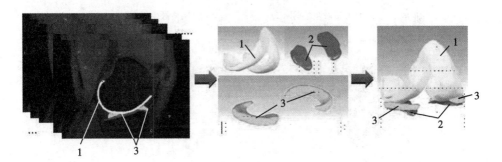

**图3.6　软骨组织三维重建图**

1—股骨软骨；2—胫骨平台软骨；3—半月板

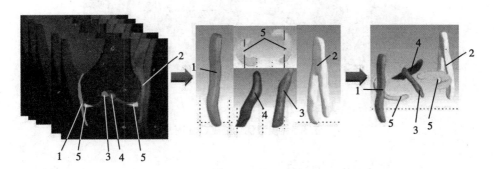

**图3.7　韧带组织三维重建图**

1—内侧副韧带；2—外侧副韧带；3—后交叉韧带；4—前交叉韧带；5—半月板

　　图3.8为模型优化处理过程。从图3.8(a)中可以看到，模型刚刚导入后，在网格医生工具中，发现了许多存在重叠、冗余三角片以及破损的地方。经过

修复处理后，得到图 3.8(b)。但可以明显地看出图 3.8(b)中的曲面不光滑，棱角较多。但此时如做平滑处理，将改变模型的边界，故先做网格划分，得到图 3.8(c)(d)所示模型。经过网格划分处理操作后，在图 3.8(e)中会有特征边界出现。在保证边界不受修改的前提下，完成平滑、去噪处理，最终得到图 3.8(f)所示胫骨模型。此过程具有一定的操作顺序，如不按照顺序完成，所建立的模型与实际情况将出现很大的偏差，导致后续研究结果失真。

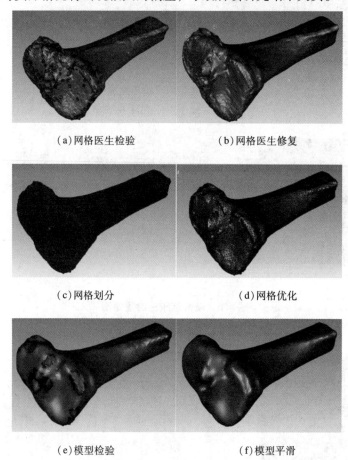

(a)网格医生检验　　　　　　　(b)网格医生修复

(c)网格划分　　　　　　　　　(d)网格优化

(e)模型检验　　　　　　　　　(f)模型平滑

图 3.8　模型优化处理过程图

### 3.2.3.3　膝关节模型的处理

膝关节模型的处理是膝关节三维重建的第一个关键环节。在后续分析中，膝关节需要在特定角度下完成有限元计算，而在 CT 或 MRI 检测时，往往不能直接建立精确角度的模型数据。因此需要在后处理阶段对已经建立的骨组织和软组织模型进行方位和角度的细微调整。

在 Geomagic Studio 软件中，工具选项里具备坐标转换和对象移动功能。利用该功能可以根据具体要求对模型进行方位或角度的移动和转换，如图 3.9 所示。在本书中，应建立膝关节屈曲 140°模型（运动员落地缓冲阶段的关键角度），通过坐标转换和对象移动功能，可以较为方便地实现膝关节屈曲。虽然操作较为方便、容易，但如需得到较为真实、准确的膝关节模型，还需要参考解剖学相关理论。

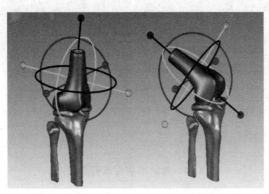

图 3.9　膝关节屈曲角度调整图

膝关节三维重建过程中的第二个关键环节是三维模型的配准与装配，这也是最重要的环节。模型配准、装配的好坏将直接影响后续有限元分析的结果是否可信。而且模型的配准与装配很少一次能成功，需要反复几次调整、验证，否则很有可能出现有限元计算时单元格被破坏失真、变形，从而导致结果不收敛或运算出错，无法继续。

图像配准是医学图像众多处理方法之一，还包括图像增强、图像分割以及图像可视化处理等。由于在本书中，三维重建模型中既包含骨组织，又包含软骨和软组织，因此涉及 CT 和 MRI 2 种图像采集方法。模型重建过程中，2 种图像数据需要在同一三维空间显示，图像配准是必不可少的关键环节。

图像配准是指对一幅图像进行一定的几何变换映射到另一幅图像中，使两幅图像中的相关点达到空间上的一致。概括来讲，医学图像配准方法大体分为两类：一是直接利用图像本身信息进行配准；二是变换图像后对图像进行配准。在本书中，直接利用图像本身信息进行配准，继而将 CT 和 MRI 采集的模型数据进行图像融合，然后在同一个空间模型中同时表达人体多方面的结构信息，从而使重建的模型反映人体的内部结构特征和功能状态，更加直接地提供人体解剖和生理结构信息。

由于分次扫描所得 CT 和 MRII 数据的参考坐标系不同，需要分别在不同坐标系下建立各组织模型。在各模型装配时，无法避免由各组织模型间相对运动造成的位置、角度误差。为了得到较为准确的模型，本书将根据点云数据进行配准，将不同屈曲位置的组织模型精确地导入同一坐标系下。图 3.10 是关节角度调整至 140°时，通过点云坐标配准的云图。

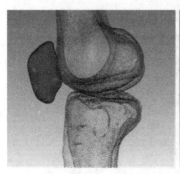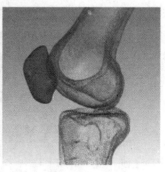

**图 3.10  膝关节屈曲点云配准图**

实际上，整个过程是经过三次配准才得以实现的。第一次配准：胫骨位置不变，通过调整使股骨点云位置与胫骨三维点云特征位置重合，在此期间，始终保持成 140°角。第二次配准：将移动的股骨点云模型与初始伸直状态的股骨三维点云模型进行配准，同时与初始髌骨的相应正交坐标系进行比对。第三次配准：以移动后的股骨三维点云为基准，与移动后髌骨三维点云进行配准，确定此时髌骨所在位置。每多导入一个组织模型，都要将其三维点云模型导入同一坐标系中完成上述配准过程。

当然，在软骨、韧带模型配准时，还要结合解剖学特征点，如胫骨粗隆位置，股骨内、外侧髁隆起点，软骨髌面最高点，髁间内、外侧结节，髁间隆起，韧带起止点等，对骨组织、软骨组织以及韧带模型进行配准。

在进行模型配准时，需要进一步优化细节部分。例如，一些接触面中存在空隙，需要进行填补；一些位置模型重合，在适当地调整后，需要进一步优化边缘；关节角度调整后，由于韧带的起止位置没有改变，所以需对韧带模型做出相应的调整等。配准后的模型在有限元计算前，需要通过有效性验证，如未通过验证，则需反复配准优化，直至符合要求，才能进入下一步计算。配准后的模型如图 3.11 所示。

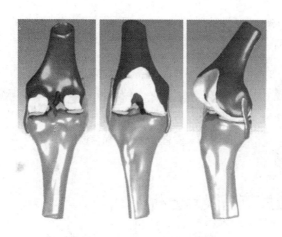

图 3.11　膝关节三维模型图

### 3.2.3.4　膝关节模型的保存

由于在后续研究中,重建后的膝关节三维模型需要导入有限元软件 Abaqus 6.14 中完成计算,因此需要将模型保存为能够导入的 iges 文件类型。在保存过程中,同样需要每个组织模型单独保存。在测试中发现,Geomagic Studio 与 Abaqus 软件所采用的空间坐标系完全相同,单独保存的模型数据已经包含了空间坐标信息,因此多个模型导入后,可以保证模型的精度,无须重新配准。

下面以股骨软骨模型为例,介绍具体的模型保存过程。在 Geomagic Studio 软件中,选中膝关节模型中的股骨软骨模型。在精确曲面菜单中,执行精确曲面操作,然后选择自动曲面化。模型几何图形选择"有机",曲面片计数指定 100 个,曲面细节调整为最大值,曲面拟合时选择常数和自动合并曲面片,勾选"锐化所有受限的轮廓线"和"交互模式"选项后,点击"应用"按钮。

在修复界面中,完成较小曲面片角度和高偏差曲面片轮廓修复后,点击"完成""确定"按钮。然后点击拟合曲面,选择常数拟合方法,设定最大控制点 48 个、表面张力 0.25,点击"应用""确定"按钮,得到所需的 NURBS 曲面。经过偏差分析后,若模型符合后续要求,则可将模型另存为 iges 格式文件加以保存。再次通过 Geomagic Studio 软件打开股骨软骨 iges 格式文件,模型处理过程的变化如图 3.12 所示。

在最后一幅图中可以清楚地看到股骨软骨表面形成的曲面和曲线。在后续的有限元分析中,网格划分也将根据曲面、曲线情况进行。在实际操作过程中,有时划分的曲面和曲线较为复杂且不均匀,需要及时进行调整;否则,将直接影响网格划分的精度,导致有限元计算不收敛。

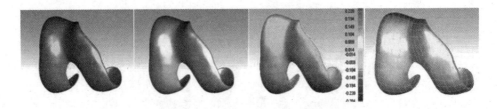

图 3.12　股骨软骨模型保存过程图

# 3.3　膝关节有限元分析

膝关节仿真是当前了解膝关节内部各组织受力和相对运动情况的常用方法。在人体膝关节内部受力情况的研究中，国内外很多学者完成了大量的力学、材料学试验。本阶段研究将采用 Abaqus 有限元分析软件，对膝关节模型的软骨、交叉韧带受力情况进行分析和阐述。

## 3.3.1　韧带组织前处理

膝关节韧带的建模数据来源于运动员志愿者的 MRI 检测结果。通过 Mimics 医学图像软件进行三维重建后，导入 Geomagic Studio 逆向工程软件，对图像数据完成配准和优化，最终膝关节各组织模型以 iges 格式独立存储。图 3.13 为膝关节主要韧带模型导入 Abaqus 软件处理过程效果示意图，按照顺序完成模型导入、材料赋值、网格划分，最终呈现出整体组合效果。

关于膝关节韧带组织的材料属性，国内外大批学者进行了很多研究[20-25]，给出了材料性能参数满足不同条件和特定角度，因此本书也采用文献给出的相关材料属性进行仿真分析。所有韧带均赋予超弹性材料属性，网格划分采用 C3D10 单元类型。由于前、后交叉韧带是重点研究对象，而且形态相对复杂，因此单元大小均设定为 1 单位，在单元划分时，前交叉韧带曲率控制最大偏差因数设定为 0.2，全局微小尺寸控制在 0.2；后交叉韧带曲率控制最大偏差因数设定为 0.3，全局微小尺寸控制在 0.3。内、外侧副韧带是次要研究内容，而且形态简单，因此单元大小均设定为 1.2 单位，曲率控制最大偏差因数设定为 0.8，全局微小尺寸控制在 0.8。前、后交叉韧带和内、外侧副韧带的材料属性赋值与单元、节点数值如表 3.1 所列。

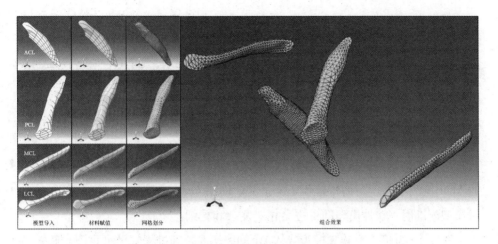

图 3.13 膝关节韧带有限元模型处理图

表 3.1 膝关节韧带网格划分参数

| 名称 | 材料类型 | C10 | D1 | 单元类型 | 节点数量 | 单元数量 |
| --- | --- | --- | --- | --- | --- | --- |
| ACL | Hyperelastic | 1.95 | 0.00683 | C3D10 | 14136 | 9029 |
| PCL | Hyperelastic | 3.25 | 0.0042 | C3D10 | 5688 | 3422 |
| MCL | Hyperelastic | 1.45 | 0.00127 | C3D10 | 3885 | 2069 |
| LCL | Hyperelastic | 1.45 | 0.00127 | C3D10 | 2583 | 1351 |

后交叉韧带曲率控制最大偏差因数设定为 0.3，全局微小尺寸控制在 0.3，因此导致前交叉韧带共计 14136 个节点 9029 个单元，后交叉韧带共计 5688 个节点 3422 个单元。膝关节软骨、半月板的材料属性赋值与单元、节点数值如表 3.2 所列。

表 3.2 膝关节软骨网格划分参数(1)

| 名称 | 材料类型 | 密度 /(kg·m$^{-3}$) | 弹性模量 /MPa | 泊松比 | 单元类型 | 节点数量 | 单元数量 |
| --- | --- | --- | --- | --- | --- | --- | --- |
| 股骨软骨 | Elastic | 1000 | 20 | 0.46 | C3D10 | 17996 | 8565 |
| 内侧半月板 | Elastic | 1980 | 59 | 0.49 | C3D10 | 16507 | 10063 |
| 外侧半月板 | Elastic | 1980 | 59 | 0.49 | C3D10 | 44586 | 29168 |
| 内侧胫骨软骨 | Elastic | 1000 | 20 | 0.46 | C3D10 | 5371 | 2578 |
| 外侧胫骨软骨 | Elastic | 1000 | 20 | 0.46 | C3D10 | 3012 | 1396 |

根据人体膝关节解剖学特性，并结合膝关节模型建立的基本情况，确定模型内前、后交叉韧带的边界条件。设定接触时，将前、后交叉韧带上端与股骨髁附着点建立 Tie 接触；采用同样的方法，将前、后交叉韧带下端与胫骨平台附着点建立 Tie 接触，前、后交叉韧带之间没有设定接触。

### 3.3.2　软骨组织前处理

与交叉韧带的建模方法相同，膝关节软骨组织的建模数据也来源于志愿者的 MRI 检测结果。与韧带建模不同的是，使用 Geomagic Studio 逆向工程软件对模型配准时，软骨模型的处理会相对复杂和精细。

图 3.14 为膝关节软骨模型导入 Abaqus 软件处理过程效果示意图。膝关节软骨自上而下包括股骨软骨［图 3.14（a）］，内、外侧半月板［图 3.14（b）］以及胫骨平台内、外侧软骨［图 3.14（c）］五个部分。虽然仅有这五个部分，但是它们分别处于上、中、下三个层面，而且相互接触。此外，处于上层的股骨软骨和下层的胫骨平台软骨分别被绑定在股骨和胫骨上，因此模型装配时的缺陷将在很大程度上影响仿真结果。

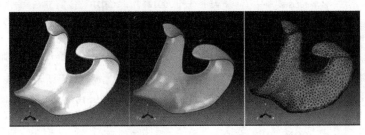

（a）

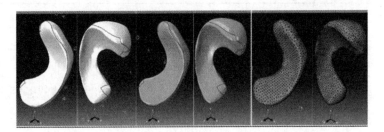

（b）

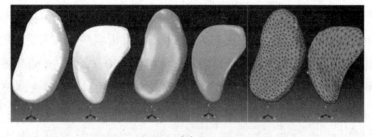

(c)

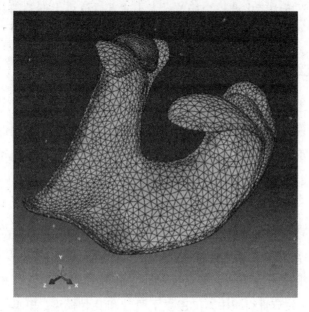

(d)

**图 3.14 膝关节软骨有限元模型处理图**

在本书中，膝关节软骨组织的材料属性设定参考了近年来国内外多篇参考文献，文献[26]至[31]将软骨和半月板设定为各向同性类型，分别为其设定了密度、杨氏模量和泊松比；有些学者[32-34]参考了半月板实际解剖结构，将其划分为内、中、外三个部分，并分别赋予密度、杨氏模量和泊松比。当然，从严谨的角度来看，后者的研究方法值得推荐，但在实际建模和模型组装、配准时，将出现很多不易觉察的疏漏，从而导致计算结果不收敛或失真。

在本书研究中，采用有限元仿真计算的目的是获取膝关节内部各组织在相对运动过程中受力的位置和应力大小[35]，因此将所有软骨和半月板都视为各向同性是满足研究需求的。各组织模型的网格划分均采用 C3D10 单元类型。其中，股骨软骨全局单元大小设定为 2.3 单位，最大偏差因数设定为 0.2，全局微小尺寸控制在 0.2；内侧半月板全局单元大小设定为 1.5 单位，最大偏差因数设定为 0.2，全局微小尺寸控制在 0.2；外侧半月板全局单元大小设定为 1 单位，最大偏差因数设定为 0.1，全局微小尺寸控制在 0.1；内、外侧胫骨软骨均将全局单元大小设定为 2 单位，最大偏差因数设定为 0.4，全局微小尺寸控制在 0.4。此种设定方法是兼顾了模型自身特点和研究要求折中决定的。有些模型的细节特征明显，不能进行简化，在 C3D10 单元类型下，无法很好地自动划分网格，因此要折中考虑调整全局单元大小或者修订最大偏差因数以及全局微小尺寸控制。

### 3.3.3　骨组织前处理

膝关节骨组织建模数据来源于运动员志愿者 CT 检测结果。由于 CT 测试可以清晰地显现骨组织的轮廓，因此在使用 Mimics 医学图像软件对膝关节骨组织进行三维重建时，可以根据图像灰度自动完成，而且精度尚可。图像配准时，由于 CT 采集的 DICOM 图像是在同一个三维坐标下生成的，因此三维重建模型也是在同一个三维空间内建立的。

膝关节的骨组织包括股骨、胫骨、腓骨和髌骨。将各自 iges 格式的模型文件导入 Abaqus 软件，完成材料属性设定、模型组装、网格划分以及接触设定等前处理操作。根据研究需要，本书仅对股骨和胫骨的相对位移和受力进行研究，因此，在膝关节骨组织中，仅建立了股骨和胫骨模型，模型建立过程详见图 3.15。

在本书研究中，采用有限元仿真计算的目的，首先是获取膝关节骨与骨之间相对运动和位置变化；其次是验证膝关节模型的有效性。因此，在模型装配时，韧带、软骨以及半月板也要同时装配才能实现上述目的。在骨组织模型中，各块骨的网格划分均采用 C3D10 单元类型，全局单元大小均设定为 2 单位，最大偏差因数设定为 0.2，全局微小尺寸控制在 0.2。膝关节股骨与胫骨的材料属性赋值与单元、节点数值如表 3.3 所列。

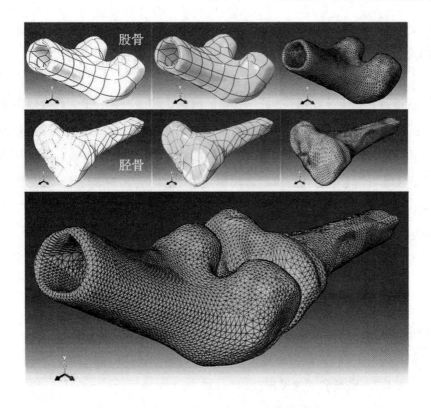

图 3.15　膝关节骨有限元模型处理图

表 3.3　膝关节软骨网格划分参数( 2)

| 名称 | 材料类型 | 密度 /( kg · m⁻³ ) | 弹性模量 /GPa | 泊松比 | 单元类型 | 节点数量 | 单元数量 |
|------|----------|------|------|--------|----------|----------|----------|
| 股骨 | Elastic | 1600 | 4 | 0.3 | C3D10 | 76168 | 45007 |
| 胫骨 | Elastic | 1600 | 4 | 0.3 | C3D10 | 100488 | 62353 |

## 3.3.4　膝关节有限元模型前处理

　　膝关节各组织模型是通过逆向工程软件 Geomagic Studio 完成的模型装配与配准。因此，在导入 Abaque 有限元软件后，各模型都在统一的全局坐标系内呈现。根据各组织材料属性、模型特征和膝关节解剖学特性[40]对膝关节模型进行前处理。在此过程中，重点内容和处理步骤是接触、约束以及载荷的设定。根据需要，完成模型的材料属性设置以及模型装配后将开始分析步骤设置。在本书中，前处理设置两个分析步。第一个分析步设置目的是对模型施加轻微载荷，使模型间的部分面得到充分接触以及完成约束设定。第二个分析步主要针对约束和加载进行设定。

### 3.3.4.1 相关参数设定

在接触和约束设置环节，首先要参照解剖学相关理论，建立真实膝关节结构、运动功能与膝关节各组织模型的等效关系[41-43]。其次要结合运动项目或技术动作特点，保证模型贴近真实情况，动作、关节角度真实有效。虽然从表面上看，接触与约束都是独立模型之间相互作用，但要区别对待：一种是面与面接触，它们之间的接触类型设置为"Contact"，表面的切向摩擦设定为"Frictionless"；另一种是约束，即独立的模型与模型之间以"Tie"类型进行约束。膝关节各组织模型的接触包括股骨-股骨软骨（Tie）、股骨软骨-内外侧半月板（Contact）、股骨软骨-胫骨软骨（Contact）、半月板-胫骨软骨（Contact）、胫骨软骨-胫骨（Tie）、内侧半月板-内侧副韧带（Contact）、前后交叉韧带上端-股骨（Tie）、前后交叉韧带下端-胫骨（Tie）、内外侧副韧带上端-股骨（Tie）以及内外侧副韧带下端-胫骨（Tie）。

### 3.3.4.2 载荷和约束设定

当设定好接触和约束参数后，将进入载荷、约束设定阶段。在膝关节模型中，针对空中技巧落地阶段的技术动作，对胫骨设置为 6 个自由度完全限制，对股骨限制 $X$ 方向运动、$Y$ 方向和 $Z$ 方向扭转。当针对股骨进行载荷设定时，参数来源于第 2 章运动学、动力学分析结果，即根据运动员落地时的 3 种落地姿态，将股骨模型设定为 Body Force 类型。根据 3 种落地姿态下峰值力矩出现的关节角度，可以将多刚体动力学方程求解的膝关节力进行分解。

在仿真计算中，载荷取 1/2 方程求解的峰值力（图 3.16），即 2842 N。根据运动员接触着陆坡瞬间大腿水平夹角以及膝关节夹角确定载荷的大小和分解方向。当运动员处于前倾姿态时，将 Component 1 设置为 0，Component 2 设置为-2010，Component 3 设置为-2010；当运动员处于中立位姿态时，将 Component 1 设置为 0，Component 2 设置为-1827，Component 3 设置为-2177；当运动员处于后倾姿态时，将 Component 1 设置为 0，Component 2 设置为-1630，Component 3 设置为-2328。在其他边界和约束条件不变的情况下，完成有限元计算。

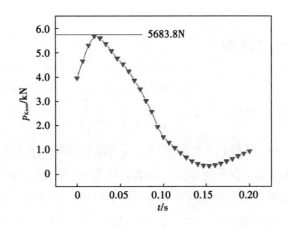

图 3.16　膝关节所受峰值力图

### 3.3.4.3　模型有效性验证

从理论角度来看，膝关节有限元模型的有效性，一方面取决于建立模型过程中数学模型对膝关节真实情况的模拟是否正确，另一方面要看建立模型的数据精度。在实践过程中，CT 或 MRI 数据的精度已经达到研究要求，根据其数学模型导出的 DICOM 数据完全满足研究所需精度。虽然本书通过现有技术可以建立较为精确的膝关节模型，但也只能接近而永远不能等同于真实情况。由于存在各组织(骨、软骨、韧带)的材料属性、是否各向同性和密度等的差异问题，因此有限元分析是建立在尽可能真实的情况下。

本书尽可能做到边界、表面提取时精确，材料属性接近真实。三维重建时避免模型优化过程中局部细节的简化，从各环节尽量使有限元仿真过程接近真实情况。模型建立后，通过模拟抽屉试验的方法对模型的有效性进行验证。将股骨完全约束，在胫骨近端(胫骨平台下端中间位置)施加 134 N 水平向前的载荷。经过仿真计算后，胫骨前移 5.06 mm。这与文献[44]至[48]中的试验结果近似。此时前交叉韧带后外侧出现明显的拉应力，最大应力出现在后外侧与股骨髁连接处，这一结果与 Yamamoto[49] 研究结果非常接近。由此验证了膝关节模型的有效性。

## ◢◣ 3.4 仿真结果

### 3.4.1 韧带仿真结果

当前倾落地时,雪板板头形变极小,缓冲过程忽略雪板的弹力。从运动员运动学分析结果来看,在落地瞬间,运动员胫骨有向后的运动趋势,在这种瞬间相对运动作用下,膝关节各条韧带将受到不同的应力作用。ACL 将先受到瞬间的牵拉,再产生压缩效应;PCL 将受到瞬间牵拉,随后进入持续牵拉阶段;LCL 和 MCL 将受到持续的牵拉作用。

从仿真结果(图 3.17)来看,ACL 后束下端在落地缓冲阶段受到瞬间最大应力为 4.01 MPa,PCL 前束上端在落地缓冲阶段受到最大瞬间应力为 6.81 MPa,LCL 中部和 MCL 中下部分别受到最大瞬间应力为 1.60 MPa 和 1.96 MPa。此时,由于质心需要向后调整,导致内侧半月板受到强烈挤压,因此在 MCL 中部可以看出明显的应力集中区域。

从缓冲过程中韧带的应力曲线来看,由于落地时胫骨有相对向后的运动趋势,此时 PCL 所受应力最大。随着膝关节的屈曲和肌肉力矩的作用,膝关节相对位移消失,ACL 所受应力随之显著上升,MCL 和 LCL 所受应力逐渐增大。

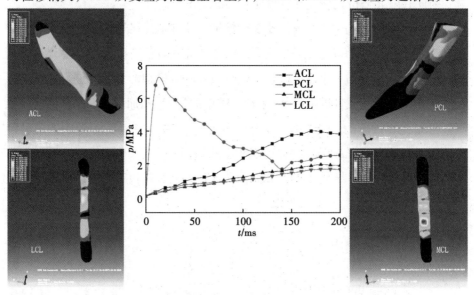

**图 3.17　前倾落地时韧带模型有限元分析结果图**

当中立位落地时，落地瞬间雪板与着陆坡坡面基本呈平行状态，此时忽略缓冲过程中雪板的变形和弹力。在缓冲阶段，胫骨平台上端环节在膝关节沿股骨方向存在较大的冲击力，在胫骨平台处分解为垂直于小腿向前的力和沿小腿方向的力。雪板中部对坡面产生一定的冲击力，造成雪面下陷，产生雪坑。因此导致大腿与小腿不能同步向前运动，仍然存在类似小腿向后运动的趋势。随着膝关节的屈曲，胫骨平台同步运动，此时股骨与胫骨平台相对运动趋势逐渐消失。

从仿真结果（图 3.18）来看，ACL 后束下端在落地阶段受到最大瞬间应力为 3.06 MPa，PCL 前束上端受到最大瞬间应力为 6.61 MPa，LCL 和 MCL 中部分别受到最大瞬间应力为 1.07 MPa 和 1.67 MPa。

从缓冲过程中韧带的应力曲线来看，膝关节相对运动较小，但由于落地处坡面出现雪坑，限制了小腿向前运动的趋势，此时膝关节所有韧带中，PCL 仍受到较大的拉应力。随着膝关节缓冲的进行，膝关节逐渐稳固，ACL，MCL，LCL 所受应力逐渐增大。由于膝关节屈曲时，内、外侧副韧带处于相对松弛状态，容易导致膝关节发生相对翻、转，从图 3.18 中可以看到，MCL 所受应力在 100 ms 时发生了快速变化，在膝关节状态稳定后 150 ms 时应力快速减小。

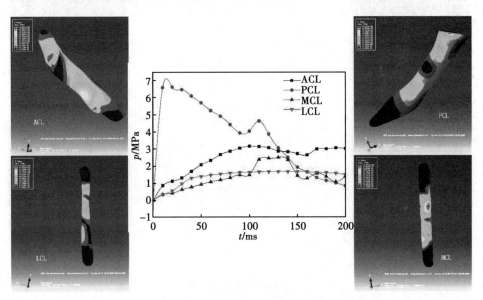

图 3.18　中立位落地时韧带模型有限元分析结果图

当后倾落地时(图 3.19),由于雪板板尾率先接触着陆坡,因此雪板产生形变,使小腿环节受到额外的垂直于着陆坡的弹性力的作用。从某种程度来讲,雪板的形变延长了运动员的缓冲时间,使胫骨平台所受到的垂直冲击力也有所减小,但小腿环节前移的趋势变大,但因为此时人体质心靠后,因此膝关节所受的支反力主要是雪板板尾形变产生的弹性力。

从仿真结果来看,ACL 后束下端在落地缓冲阶段受到最大瞬间应力为4.52 MPa,PCL 前束上端在落地缓冲阶段受到最大瞬间最大应力约为 6.96 MPa,LCL 和 MCL 中部分别受到最大瞬间应力为 1.44 MPa 和 1.39 MPa。

从缓冲过程中韧带的应力曲线来看,雪板板尾形变产生的弹力使小腿有向前移动的趋势,导致 ACL 在落地缓冲时迅速达到应力最大。此后,由于受到坡面的雪坑和雪面摩擦力的作用,相对运动趋势逐渐消失。此时,在重力加速度作用下,胫骨平台以上环节的速度变大,导致缓冲过程中膝关节相对运动趋势反转,PCL 所受应力逐渐增大,MCL 和 LCL 所受应力也随之增大。由于膝关节屈曲时,内、外侧副韧带处于相对松弛状态,容易导致膝关节发生相对翻、转,从图 3.19 中可以看到,MCL 所受应力在 100 ms 时发生了快速变化。

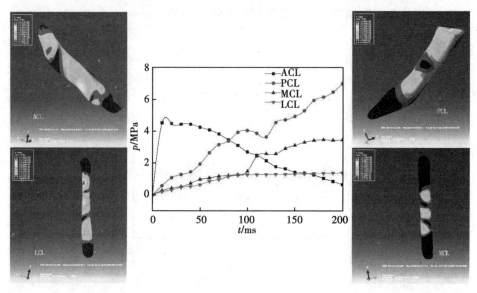

图 3.19　后倾落地时韧带模型有限元分析结果图

### 3.4.2 软骨仿真结果

在本书中，股骨与股骨软骨、胫骨与胫骨软骨之间定义为面与面接触[50-51]，且无滑动约束，内、外侧半月板上、下表面与胫骨软骨和股骨软骨之间、股骨软骨与胫骨软骨之间也为面与面接触[52-53]。其中，只有内、外侧半月板前角与后角处由于有韧带连接，所以存在限制约束[54]。从胫骨平台处应力仿真结果（如图 3.20 所示）可见，应力集中位置非常明显。其中，图 3.20(a)为前倾落地仿真结果，图 3.20(b)为中立位落地仿真结果，图 3.20(c)为后倾落地仿真结果。

前倾落地[图 3.20(a)]时，胫骨相对后移，内侧半月板前部和中部、外侧半月板前部存在应力集中区域；中立位落地[图 3.20(b)]时，胫骨相对移动较小，应力集中位置出现在内侧半月板中部和外侧胫骨软骨中心位置；后倾落地[图 3.20(c)]时，胫骨相对前移，应力集中位置出现在内侧半月板中部和外侧胫骨软骨中心位置，与中立位落地相比，位置相对靠后，区域相对变小。

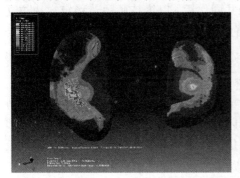
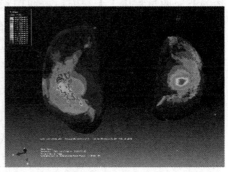

(a)                                  (b)

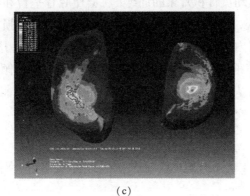

(c)

**图 3.20　胫骨软骨有限元分析结果图**

## ◪ 3.5　仿真结果的分析与讨论

从仿真结果可以看出，空中技巧运动员成功落地动作中，无论是质心前倾、中立位或质心后倾，膝关节处都存在股骨与胫骨的相对运动以及软骨处的应力集中现象。

前倾落地时，由于质心垂线超过胫骨平台位置，膝关节出现轻微胫骨后移现象。随着缓冲的进行，需要大腿前群肌肉将胫骨重新调整位置。从仿真结果来看，此时胫骨平台和半月板应力峰值最小，但集中在半月板前角位置。由于内侧半月板前角受到股骨软骨的挤压产生了横向移动，因此前倾落地缓冲过程中 MCL 中部所受应力是 3 种情况中最大的。

中立位落地时，着陆坡提供的反作用力基本垂直于胫骨平台，在下落冲击力和着陆坡雪面摩擦力的共同作用下，膝关节出现轻微胫骨前后移动现象。在膝关节屈曲过程中，大腿前后群肌肉将共同作用，以维持膝关节稳定。从仿真结果来看，此时胫骨平台和半月板峰值应力最大，但由于胫骨相对位移较小，因此缓冲过程中各条韧带所受应力是 3 种情况中最小的，也是最为安全的落地情况。

后倾落地时，在雪板形变弹力和下落冲击力作用下，膝关节处出现胫骨前移现象。随着缓冲的进行，大腿后群肌肉对胫骨位置调整至中立位后，在切向分力作用下，胫骨又出现后移趋势。从仿真结果来看，此时胫骨平台和半月板应力峰值居中，但 ACL 和 PCL 所受应力都是 3 种情况中最大的。

上述 3 种情况的仿真结果表明，各条韧带最大应力值远小于交叉韧带的受力极限，但随着运动员日积月累的训练，将会使胫骨平台和半月板应力集中位置出现退行性病变，前、后交叉韧带应力集中位置出现劳损。如训练中伴随膝关节的内、外旋或内、外翻发生，软骨、半月板和韧带应力集中位置受损的概率将逐渐增大。值得注意的是，在可控范围内，无论是前倾还是后倾落地，都需要运动员具有强大的大腿前、后群肌肉共同作用。如果前、后群肌力相差悬殊，也将大大提升交叉韧带损伤的风险。

## 3.6 本章小结

通过对运动员志愿者膝关节 CT 和 MRI 数据的处理,获取了本书所需的膝关节三维数据,并通过逆向工程软件实现了膝关节三维模型的重建。整个过程较为详细地展示了 DICOM 数据的采集、导入、优化、配准和处理过程。将三维重建模型导入 Abaqus 有限元软件后,根据人体解剖学理论和空中技巧运动员的运动学特征数据,确定了有限元分析前处理的参数设定,相对准确的模型和正确的约束条件为获得落地缓冲过程中膝关节内部受力情况提供了科学依据;通过对运动员身体质心前倾、中立位和质心后倾有限元计算结果的分析,分别获得了 3 种情况下膝关节软骨、韧带的受力情况;根据云图显示和应力数值,确定了膝关节容易损伤的位置和正常落地缓冲时各组织模型的应力情况。本章的分析结果为后续膝关节护具的设计和制造提供了有力的支撑和可量化的参考。

## 参考文献

[1] AGNESKIRCHNER J D,HURSCHLER C,STUKENBORG-COLSMAN C, et al.Effect of high tibial flexion osteotomy on cartilage pressure and joint kinematics:a biomechanical study in human cadaveric knees-Winner of the AGA-DonJoy Award 2004[J].Arch orthop traum su,2004,124(9):575-584.

[2] BEILLAS P,PAPAIOANNOU G,TASHMAN S,et al.A new method to investigate in vivo knee behavior using a finite element model of the lower limb[J].Journal of biomechanics,2004,37(7):1019-1030.

[3] GREGORY C FANELLI.The multiple ligament injured knee[M].Cham:Springer,2019.

[4] 胡声宇.运动解剖学[M].北京:人民体育出版社,2000.

[5] 王成焘.人体骨肌系统生物力学[M].北京:科学出版社,2015.

[6] 高维纬.体育保健学[M].北京:北京体育大学出版社,2011.

[7] 郝智秀,冷慧杰,曲传咏,等.骨与膝关节生物力学行为研究[J].固体力学学报,2010,31(6):603-612.

[8] LATTERMANN C, ZELLE B A, FERRETTI M, et al. Anatomic double-bundle anterior cruciate ligament reconstruction[J]. Arthroscopy the journal of arthroscopic & related surgery, 2012, 28(3):343-353.

[9] GROOD E S, STOWERS S F, NOYES F R. Limits of movement in the human knee: effect of sectioning the posterior cruciate ligament and posterolateral structures[J]. The journal of bone and joint surgery, 1988(1):70.

[10] ROBINSON J R, BULL A, THOMAS R, et al. The role of the medial collateral ligament and posteromedial capsule in controlling knee laxity[J]. The American journal of sports medicine, 2006, 34(11):1815-1823.

[11] GRIFFITH C J, LAPRADE R F, JOHANSEN S, et al. Medial knee injury: part 1, static function of the individual components of the main medial knee structures[J]. The American journal of sports medicine, 2009, 37(9):1762-1770.

[12] ROARTY C M, GROSLAND N M. Adaptive meshing technique applied to an orthopaedic finite element contact problem[J]. The Iowa Orthopaedic journal, 2004(24):21-29.

[13] GIL J, LI G, KANAMORI A, et al. Development of a 3D computational human knee joint model[J]. Proceedings of the ASME 1998 International Mechanical Engineering Congress and Exposition. Advances in Bioengineering. Anaheim, California, USA. November 15-20, 1998.1-2.

[14] 叶云长. 计算机层析成像检测[M]. 北京:机械工业出版社, 2006.

[15] 胡军武, 冯定义, 邹明丽. MRI 应用技术[M]. 武汉:湖北科学技术出版社, 2003.

[16] IRIZARRY J M, RECHT M P. MR imaging of the knee ligaments and the postoperative knee[J]. Radiologic clinics of North America, 1997, 35(1):45-76.

[17] 苏秀云. Mimics 软件临床应用[M]. 北京:人民军医出版社, 2011.

[18] 成思源, 谢韶旺. Geomagic Studio 逆向工程技术及应用[M]. 北京:清华大学出版社, 2010.

[19] ALI A A, HARRIS M D, SHALHOUB S, et al. Combined measurement and modeling of specimen-specific knee mechanics for healthy and ACL-deficient conditions[J]. Journal of biomechanics, 2017(57):117-124.

[20] DAI C, YANG L, GUO L, et al. Construction of finite element model and

stress analysis of anterior cruciate ligament tibial insertion[J].Pakistan jour-
nal of medical sciences,2015,31(3):632-636.

[21] WAN C,HAO Z,WEN S.The effect of the variation in ACL constitutive
model on joint kinematics and biomechanics under different loads:a finite
element study[J].Journal of biomechanical engineering,2013,135(4).

[22] BENDJABALLAH M Z,SHIRAZI-ADL A,ZUKOR D J.Finite element a-
nalysis of human knee joint in varus-valgus[J]. Clinical biomechanics,
1997,12(3):139-148.

[23] TAKAHASHI Y,HASHIMOTO S,FUJIE H.Simulation of ridge formation
in cortical bone near the anterior cruciate ligament insertion:bone remode-
ling due to interstitial fluid flow[C].World Multi-Conference on Systemics,
Cybernetics and Informatics,2014.

[24] XIE F,YANG L,GUO L,et al.A study on construction three-dimensional
nonlinear finite element model and stress distribution analysis of anterior
cruciate ligament[J].Journal of biomechanical engineering,2009,131(12).

[25] PENA E,CALVO B,MARTINEZ M A,et al.A three-dimensional finite ele-
ment analysis of the combined behavior of ligaments and menisci in the
healthy human knee joint[J].Journal of biomechanics,2006,39(9):1686-
1701.

[26] LESLIE B W,GARDNER D L,MCGEOUGH J A,et al.Anisotropic re-
sponse of the human knee joint meniscus to unconfined compression[J].
Part H:journal of engineering in medicine,2000,214(6):631-635.

[27] ADOUNI M,SHIRAZI-ADL A,SHIRAZI R.Computational biodynamics of
human knee joint in gait:from muscle forces to cartilage stresses[J].Journal
of biomechanics,2012,45(12):2149-2156.

[28] GOREHAM-VOSS C M,HYDE P J,HALL R M,et al.Cross-shear imple-
mentation in sliding-distance-coupled finite element analysis of wear in met-
al-on-polyethylene total joint arthroplasty:intervertebral total disc replace-
ment as an illustrative application[J].Journal of biomechanics,2010,43
(9):1674-1681.

[29] ZHANG M,LORD M,TURNER-SMITH A R,et al.Development of a non-
linear finite element modelling of the below-knee prosthetic socket interface
[J].Medical engineering and physics,1995,17(8):559-566.

［30］ ZHENG K.The effect of high tibial osteotomy correction angle on cartilage and meniscus loading using finite element analysis［D］.Sydney：University of Sydney,2014.

［31］ FU Y M,YU T,WANG X,et al.Finite element analysis of knee joint cartilage at turning of plough type ski［J］.Journal of Northeastern University (Natural Science),2017,38(10):1431-1435.

［32］ D'LIMA D D,CHEN P C,KESSLER O,et al.Effect of meniscus replacement fixation technique on restoration of knee contact mechanics and stability［J］.Molecular and cellular biomechanics,2011,8(2):123-134.

［33］ PENA E,CALVO B,MARTINEZ M A,et al.Finite element analysis of the effect of meniscal tears and meniscectomies on human knee biomechanics ［J］.Clinical biomechanics,2005,20(5):498-507.

［34］ WARNER M D,TAYLOR W R,CLIFT S E.Finite element biphasic indentation of cartilage：a comparison of experimental indenter and physiological contact geometries［J］.Proceedings of the Institution of Mechanical Engineers,part H：journal of engineering in medicine,2001,215(5):487-496.

［35］ TRAD Z,BARKAOUI A,CHAFRA M.A three dimensional finite element analysis of mechanical stresses in the human knee joint：problem of cartilage destruction［J］.Journal of biomimetics,biomaterials and biomedical engineering,2017(32):29-39.

［36］ DONAHUE T L H,HULL M L,RASHID M M,et al.How the stiffness of meniscal attachments and meniscal material properties affect tibio-femoral contact pressure computed using a validated finite element model of the human knee joint［J］.Journal of biomechanics,2003,36(1):19-34.

［37］ OSHKOUR A A,ABU OSMAN N A,DAVOODI M M,et al.Impact load and mechanical respond of tibiofemoral joint［M］// ABUOSMAN N A,ABAS W A W,ABDULWAHAB A K,et al.5th Kuala Lumpur International Conference on Biomedical Engineering,2011.

［38］ PERIE D,HOBATHO M C.In vivo determination of contact areas and pressure of the femorotibial joint using non-linear finite element analysis［J］.Clinical biomechanics,1998,13(6):394-402.

［39］ TANSKA P,MONONEN M E,KORHONEN R K.A multi-scale finite element model for investigation of chondrocyte mechanics in normal and medial meniscectomy human knee joint during walking[J].Journal of biome-chanics,2015,48(8):1397-1406.

[40] BENDJABALLAH M Z,SHIRAZI-ADL A,ZUKOR D J.Biomechanical response of the passive human knee joint under anterior-posterior forces[J]. Clinical biomechanics,1998,13(8):625-633.

[41] MENG Q E,JIN Z M,FISHER J,et al.Comparison between FEBio and Abaqus for biphasic contact problems[J].Proceedings of the Institution of Mechanical Engineers,part H:journal of engineering in medicine,2013,227 (9):1009-1019.

[42] GALBUSERA F,BASHKUEV M,WILKE H J,et al.Comparison of various contact algorithms for poroelastic tissues[J].Computer methods in biome-chanics and biomedical engineering,2014,17(12):1323-1334.

[43] MENG Q,AN S,DAMION R A,et al.The effect of collagen fibril orienta-tion on the biphasic mechanics of articular cartilage[J].Journal of the me-chanical behavior of biomedical materials,2017(65):439-453.

[44] 王光达,张祚福,齐晓军,等.膝关节三维有限元模型的建立及生物力学分析[J].中国组织工程研究,2010,14(52):9702-9705.

[45] ZELLE J,ZANDEN A,MALEFIJT M,et al.Biomechanical analysis of pos-terior cruciate ligament retaining high-flexion total knee arthroplasty[J]. Clinical biomechanics,2009,24(10):842-849.

[46] GUESS T M,THIAGARAJAN G,KIA M,et al.A subject specific multi-body model of the knee with menisci[J].Medical engineering & physics, 2010,32(5):505-515.

[47] SONG Y,DEBSKI R E,MUSAHL V,et al.A three-dimensional finite ele-ment model of the human anterior cruciate ligament:a computational analy-sis with experimental validation-science direct[J].Journal of biomechanics, 2004,37(3):383-390.

[48] GABRIEL M T,WONG E K,WOO L Y,et al.Distribution of insitu forces in the anterior cruciate ligament in response to rotatory loads[J].Journal of orthopaedic research,2010,22(1):85-89.

[49] YAMAMOTO K,HIROKAWA S,KAWADA T.Strain distribution in the ligament using photoelasticity.A direct application to the human ACL[J]. Medical engineering & physics,1998,20(3):161-168.

[50] MOHAMAD N N M, ABU O, OSHKOUR A. Numerical measurement of contact pressure in the tibiofemoral joint during gait[C] // International Conference on Biomedical Engineering, 2012.

[51] SCHREPPERS G J, SAUREN A A, HUSON A. A numerical model of the load transmission in the tibio-femoral contact area[J]. Proceedings of the institution of mechanical engineers, part H: journal of engineering in medicine, 1990, 204(1):53-59.

[52] FU Y. Research of injury risk assessment of athlete knee joint cartilage in freestyle skiing aerial skill in stable landing moment[J]. Journal of Shenyang Sport University, 2018(37):70-74.

[53] YAO J, SNIBBE J, MALONEY M, et al. Stresses and strains in the medial meniscus of an ACL deficient knee under anterior loading: a finite element analysis with image-based experimental validation[J]. Journal of biomechanical engineering, 2006, 128(1):135-141.

[54] 沙川华,李龙,张涛. 人体内、外侧半月板生物材料力学特征及比较的实验研究[J]. 体育科学, 2013, 33(7):7.

# 第4章 自由式滑雪空中技巧项目膝关节护具的个性化设计

在现代体育运动中,膝关节护具(简称护膝)的使用是非常广泛的。膝盖既是人体运动中极其重要的关节,又是一个比较容易受伤的部位。下肢运动中,膝关节始终受到冲击和切向力的作用,使得关节软骨、韧带被反复挤压与拉伸。随着人们对运动损伤的关注,很多运动人群在膝关节不适时,首先想到了穿戴护膝,因此各种膝关节护具如雨后春笋般在市场上出现。从专业角度来讲,膝关节护具的使用不能盲目,使用者要根据穿戴需求和目的选择适合的护膝。因此,不科学地穿戴护具不一定能起到保护和预防的作用,而且如果使用者过度信任护具的保护作用,反而可能造成损伤。

在本章中,通过对现有膝关节护具的品牌、功能和结构的分析与归纳,将形成符合本书研究所需的个性化设计范畴;结合空中技巧项目技术动作特点,健全针对该项目的膝关节护具设计理念;根据膝关节韧带损伤机理,形成个性化护具设计方案;从铰链设计着手,通过对膝袖的合理设计,将护具主体、铰链和膝袖进行装配,使护具形成一个有机整体。

## 4.1 膝关节护具概述

膝关节护具是一个笼统的概念,在竞技体育中,可以分为辅助型、稳固型。辅助型护膝是指采用支撑、限位以及外部动力驱动等方法为使用者提供辅助、保护的装置,被广泛地应用于临床和康复领域。稳固型护膝是指集质软的高弹性织料、硅胶、尼龙、支具等于一身的组件,被广泛地应用于体育运动中。

尽管在体育产业中,运动护具属于边缘产业,但行业内竞争十分激烈。各体育强国都有国际知名运动护具品牌,如图4.1所示。例如,德国的保而防,日本的赞斯特,美国的迈克达威和欧比等。这些厂商以自主知识产权作为核心竞争力,采用签约体育明星代言、赞助体育赛事等方式扩大自身的影响力,逐步瓜分护具市场。而国内运动护具领域，现正处于起步阶段。虽然国产护具层出不穷，但由于缺乏自主知识产权和影响力，因此暂无知名品牌或明星产品。

**图 4.1　国际知名品牌护膝图**

护具研发是一个复杂的系统工程，其设计理念要结合运动项目（技术动作）、外部环境、内部环境、穿戴目的和穿戴条件等多方面因素进行评估。护具的穿戴既要考虑不影响运动的整体效果，还要注重不影响正常技术动作的发挥和运用。外部环境包含场地、人员、温度、运动器材等。在冰上、雪上、室内、室外、有无对抗等不同情况下，护膝的设计和制作工艺是完全不同的。内部环境要考虑穿戴位置的结构、功能是否异常，关节活动度范围等。穿戴目的应考虑从运动防护、运动康复和运动强化等方面入手，有针对性地进行护具的设计与研发。穿戴条件应从穿戴时机、项目具体规定等方面优先考虑。虽然护具是运动的附属装备，但通过穿戴国际品牌的膝关节护具进行运动体验可以感受到，国际品牌的护膝无论是从制作工艺、材料选择还是设计细节方面，都考虑到安全防护、穿戴方便、灵巧轻便等要求。这些细节的设计理念和材料选择正是我们需要研究和借鉴之处。

本书中膝关节护具的设计要突出的个性化，不仅局限于外观、材质、尺寸、颜色等，还要在实现针对性的防护功能的前提下，结合设计理念，对使用者膝关节情况、运动习惯、参与运动项目等多方面内、外部因素做出客观评价后完成设计。可见本书中的个性化最大限度地考虑了"个体差异"。

### 4.1.1　膝关节护具功能

膝关节护具的功能主要有三点，即制动、保健和保温，其中制动和保健是护膝的关键技术。从穿戴目的来看，膝关节护具的用途主要是预防损伤。当膝关节有不适症状时，为了预防损伤的发生，可以穿戴膝关节护具，此时护具的作用是预防损伤；当膝关节已经受伤甚至术后阶段，为了恢复基本功能或进行康复性训练时，也需要穿戴适合的膝关节护具，此时护具的作用是预防再次损伤。保温是膝关节护具的附加功能，多数护具将保温看作可有可无的功能，理由也比较简单，运动就要出汗，保温性能好但透气性欠佳必然带来体感不适。在本书研究中，由于受试者在冬季室外进行训练或比赛，因此保温功能也是护具设计中需要考虑的一个因素。

膝关节构造比较特殊，髌骨由两条肌肉拉伸，悬浮在股骨与胫骨交会处之前，非常容易滑动。在日常生活中，髌骨在膝盖部位能正常地小范围活动，但运动时身体给膝盖施加了过多的压力，有时剧烈运动更容易使髌骨在压力作用下移动轨迹发生偏移，从而引发膝关节韧带的损伤或软骨的磨损(图 4.2)。穿戴特定种类的护膝能将髌骨移动轨迹固定在相对安全的位置上，以保障膝关节的正常活动。在膝关节损伤后，可使用强化制动护膝，以减少膝关节弯曲和膝关节内部受力，从而使膝关节的运动功能得以强化。

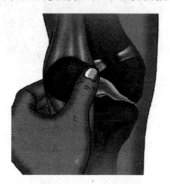

**图 4.2 髌骨的移动以及异常移动引起的损伤图**

保温则是大多数护膝的一项基本功能。膝盖部分是非常容易受凉的，很多膝关节的疾病都与膝盖受凉有关，尤其在户外，往往腿部肌肉由于一直在运动，会感觉到很热，而膝盖则由于没有肌肉运动，所以并不热，当人们感觉腿部散热很舒服的时候，其实膝盖在受凉，此时能体现护膝的保温作用。即便如此，专业性膝关节护具也会根据使用环境不同，对保温的作用有所提升或降低，例如严寒环境使用的护膝会加强保温性能，而室内或其他特殊环境使用的护膝的设计则可能更多地从功能和舒适性方面来考虑。

### 4.1.2 膝关节护具分类

在竞技体育范畴内，膝关节护具种类和功能多样。近年来，个性化定制护具也崭露头角。从膝关节护具的类型上看，分为膝袖、膝垫、髌骨带和支撑式护膝等。

膝袖（如图4.3所示）是相对简单的一种膝关节保健用具。膝袖的设计简单，质量轻且软。根据穿戴者的不同需要，可穿戴保暖、保健等不同功能的膝袖。膝袖的高弹性贴附功能可以给穿戴者带来温暖、舒适的体验，但其保健功能十分有限，基本无法对膝关节起到切实有效的保护作用。在有些类别的膝关节护具中，膝袖也经常作为护具的内衬，无实际保护作用。

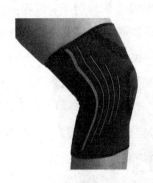

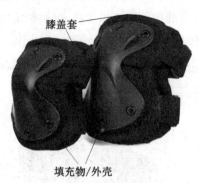

膝盖套

填充物/外壳

图 4.3 膝袖    图 4.4 膝垫

膝垫（如图4.4所示）是防止碰撞导致膝关节损伤的一类膝关节护具。此类护具多用于伴有碰撞发生的运动中，例如棒球、冰球、赛车等。为了防止膝关节碰撞损伤的发生，膝垫中的膝盖套都含有较厚的填充物或坚硬的外壳，其覆盖于膝关节前部，并缠绕在腿部周围，用肩带捆绑固定，以确保在适当位置。虽然膝垫不能直接提高膝关节的稳定性，但穿戴后，可以有效减少膝盖正前方的冲击，从而减少受伤风险。

图 4.5 髌骨带

髌骨带（如图4.5所示）的作用有3点：一是固定髌骨；二是减轻半月板磨损；三是保健。膝盖部分在没有充分热身和超越身体极限的时候是非常容易受伤的，很多膝关节的疾病都与半月板有关，尤其是登山徒步、球类对抗比赛中，剧烈的运动对膝关节的损伤非常大。

髌骨带应该固定于膝盖的底部和胫骨上的隆起处，对膝盖前方的髌骨腱施加压力并将其插入小腿。这种设计可以减轻肌腱及其附着在胫骨上的一些应力，并且可以减轻与髌骨腱炎等伤病相关的疼痛。

髌骨是人体最大的籽骨，包埋于股四头肌腱内，为三角形的扁平骨，没有与其他骨头相连。髌骨在剧烈的运动过程中可能会发生移位。髌骨带能够起到稳定髌骨的作用。半月板的特性决定了其在运动中可能带来磨损。髌骨带在这时起到一种承上启下的作用。髌骨带中间的橡胶软管有软硬度和粗细要求：太软起不到降低磨损的作用；太硬会磨损到髌骨外侧皮肤。髌骨带的软管在穿戴的时候是在胫骨和股骨踝中间处，也就是半月板外侧。

支撑式护膝（如图4.6所示）能够有效增强膝关节的缓冲作用和支撑作用。两侧的支撑物通常可分为柔性支撑和铰链支撑2种。柔性支撑护膝的穿戴较为舒适，在一般运动强度的体育运动中，具有一定的缓冲效果，支撑效果不明显。铰链支撑由上、下两个杆和中间的铰链组成，通过肩带和包裹物固定在护膝左、右两侧。这种铰链护膝不仅可以在膝关节屈曲时提供一定的缓冲，而且可以在一定程度上限制膝关节相对运动，提高膝关节的稳定性，降低运动损伤风险。从结构上看，铰链分为单铰链［图4.6(a)］和双铰链［图4.6(b)］。单铰链护膝一般作为术后康复护具使用。单铰链处有膝关节角度显示和限位装置，可以有效地调控膝关节屈伸角度，从而量化康复过程。双铰链护膝多用于具有较高膝关节冲击力的运动项目中。双铰链设计将膝关节作为核心，兼顾大腿和小腿的运动范围和轨迹，使膝关节屈伸过程更稳定。双铰链设计增强了护膝的缓冲效果，强化了膝关节内、外侧稳定性，对内、外侧副韧带具有一定的保护作用。

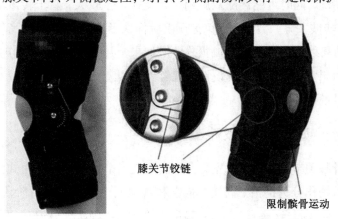

膝关节铰链

限制髌骨运动

(a)单铰链　　　　　　(b)双铰链

**图4.6　支撑(铰链)护膝**

## 4.2 膝关节护具个性化设计范畴

关于空中技巧项目运动员落地缓冲期间膝关节损伤风险，在第3章中已经进行了论述，此处不再赘述。空中技巧项目的膝关节损伤中以前、后交叉韧带，内、外侧副韧带以及关节内软骨的损伤居多。造成韧带损伤的直接原因是股骨与胫骨落地瞬间的相对运动；造成软骨损伤的直接原因是落地瞬间膝关节处的冲击力过大。因此，该项目的膝关节护具设计，要从限制膝关节处的相对运动和减弱冲击力入手，在加强膝关节稳定性的同时，提高缓冲效果，从而降低运动员损伤风险。

从该项目运动员损伤情况来看，导致前、后交叉韧带损伤的直接原因是运动员落地缓冲期间胫骨过度前移或后移。为避免或降低损伤风险，在设计中应考虑胫骨与股骨之间前、后位置上增加外部约束，以限制其相对运动。导致内、外侧副韧带损伤的直接原因是运动员落地缓冲期间膝关节过度外翻或内翻。为避免或降低损伤风险，在设计中应考虑膝关节内、外侧增加支撑[1]，以限制内、外翻角度，提供协同保护。膝关节内部软骨包括关节软骨和半月板，在较高冲击力作用下，落地瞬间软骨接触处将存在很大的冲量和应力。因此，在设计中应考虑增加膝关节缓冲，以减少膝关节的内部应力。

此外，导致运动员落地阶段膝关节损伤的绝不是单一原因，有些情况非常复杂。例如，落地瞬间躯干与着陆坡夹角未处于垂直位附近，可能发生双腿先后着地的情况，同时可能伴随双脚前、后位置相差较大，躯干转体不足或过度（未正对着陆坡下方），身体过度前倾或后仰以及质心过低或过高等情况。有时，单一的某种状况不足以造成损伤，但如果上述几种情况共同作用，必将导致严重的后果。因此，护具的设计要综合考虑以上情况，更好地应对偶然事件和突发事件的发生。

### 4.2.1 针对项目特点的设计理念

在设计膝关节护具时，首先要考虑满足技术动作要求。自由式滑雪空中技巧项目技术动作分为助滑、起跳、腾空和落地四个阶段。助滑阶段分为准备、蹲踞下滑、直立起身（举臂）环节；起跳阶段包含"梗头""锁肩""走脚"等特定技术；腾空阶段根据所选择的动作难度，将空中动作划分为直体横轴转体、屈膝横轴转体和纵轴转体；落地阶段分为落地瞬间、落地缓冲、直立滑行几个环节。从膝关节角度数据来看，空中技巧运动员完成整个动作膝关节活动范围为 75°~175°，因此，设计护具时，不应对完成正常动作的膝关节活动产生制约和阻碍。

膝关节护具的设计要从使用目的出发，解决实际问题。在充分了解空中技巧项目存在的运动损伤分类以及应对策略后发现，落地阶段既是该项目的关键环节，也是运动损伤高发阶段。在运动员正常落地过程中，膝关节软骨和半月板将承受巨大的冲击力，因此缓冲是首先要解决的问题。现阶段实现膝关节稳定和增加膝关节缓冲效果是通过膝关节内、外侧的限位、弹性支条得以实现的。

在非常规落地时，质心的前倾和后倾会使胫骨相对后移和前移，此时要考虑限制胫骨前后移动的范围，以减少剪切力的作用效果。有时，由于纵轴转体过大或过小，在落地时，运动员雪板与正常下落滑行轨迹形成夹角，此时膝关节还将受到扭转力作用。快速冲击下的扭转力是膝关节韧带损伤的罪魁祸首，因此有效限制膝关节的内、外旋也是护具设计时需要考虑的问题。在明确以上有针对性的使用目的情况下，膝关节护具的设计才能在最大限度上缓解空中技巧运动员膝关节运动损伤问题。综上所述，提高缓冲效率、限制胫骨移动和扭转效果是护具设计的重要出发点。

此外，通过对国内外文献[2-3]的阅读与分析发现：在护膝材料的研究中，有些学者[3]对尼龙织物的负泊松比的研究取得了一定的进展，但作为材料本身，尼龙织物的材料性能无法满足空中技巧项目膝关节护具的要求（支具的使用无法与尼龙织物形成配合度较高的整体结构），因此需要有弹性范围内强度更高的材料予以替代。与此同时，只考虑支具的强度而忽视其材质、质量与体积也是不切实际的。本书通过对应用范围、材料性能与结构功能等方面的考量，拟定了膝关节护具的设计与研究方案：

（1）铰链选用密度较小、强度较大的金属材料，其外部装配具有良好弹性的材料，对支具具有保护作用。这样的设计既能发挥金属支具的抗压、抗扭转的保护作用，又能发挥弹性材料的缓冲和吸能效果。

（2）护具主体采用柔性的弹性材料，根据下肢位置设计和选择不同的结构以实现较好的保护性、贴附性和舒适性。这样的选择和设计能够将铰链外部的弹性结构与主体合二为一，实现主体和铰链的整体化。

（3）采用柔软、保温的织物或合成材料制作膝袖，并应用魔术贴和绑带对护具进行连接和固定。这样,既可以最大限度地提升护具的穿戴感受,又能够满足在冬季户外环境下膝关节的保温需求。

## 4.2.2 个性化定制设计理念

针对穿戴对象要求进行个性化设计是由于存在个体差异。现在被广泛使用的膝关节护具可谓种类繁多,但绝大多数都是针对某一运动或功能设计的统一样式。多数专业护具产品的规格也只分为大、中、小,而非量身定制。这给穿戴者合理选择、正确穿戴和使用带来了一些困惑。针对如此现状,本书在护具的规格和穿戴设计上,将采用量身定制、方便穿戴和功能明确的理念,力求减少用户在如何选择、正确佩戴和合理使用环节产生的困惑,行之有效地解决实际问题。

第一,护具使用者先从护具外观认识一款产品,颜色和形状是很多人最先关注的内容。量身定制既能够满足使用者对颜色的需要,又能凸显个性化设计。

第二,使用者多会选择穿脱容易、过程简单方便的产品。相反,穿脱费时、过程烦琐的护具会直接导致使用者反感。因此,设计时,要充分考虑运动员的需求和项目特点。

第三,穿戴的舒适性体验至关重要。影响舒适性的因素主要有贴合度差、容易滑落、局部配件造成压痛、局部过紧导致血流不畅等。因此,应在确保合理的材料选择、适合的规格制定和完善的优化方案前提下,摸索有效降低膝关节运动损伤的最佳设计。

第四,在本书中,膝关节护具的规格是通过对穿戴者下肢形态学测量数据提炼、分析制定的。在下肢形态学数据中,需要测量小腿长、小腿围度、大腿长、大腿围度、踝关节活动角度(背屈和趾屈、内旋和外旋)、膝关节活动角度(屈伸、内旋和外旋)等数据。基于上述数据,在提升使用者穿戴感受的同时,确保护具起到保护膝关节的作用。

此外,本书设计中还需确定运动员膝关节两侧参考点位置和距离,如图4.7所示。参考点位置分别取股骨内侧髁、外侧髁转动中心,胫骨平台下部胫骨突起点和胫腓关节前部位置。测量出内、外侧上、下两点的距离作为铰链旋转轴心。参考点的选取考虑了膝关节运动规律和解剖学特征。由于铰链转动点位置可能会产生局部压力,因此位置选定既要满足股骨端与胫骨端转动中心附近的两点距离变化最小,还要尽量绕开肌肉、神经和血管,从而避免滑落、松动和压痛。

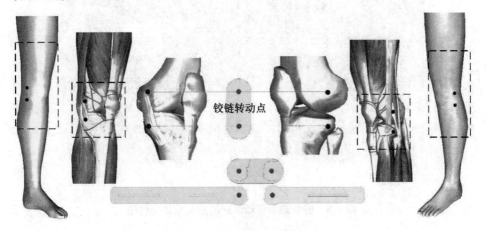

图 4.7 铰链转轴位置确定图

## 4.2.3 针对损伤类型的研究与设计

从保护膝关节角度对护具进行设计,要从容易发生膝关节损伤的动作入手。造成空中技巧项目运动员膝关节损伤的动作就是"落地"。冲击力将导致软骨、半月板损伤,冲击力作用下伴随胫骨水平移动和旋转将导致交叉韧带或内、外侧副韧带损伤。因此提高缓冲效率和限制胫骨移动是护具设计的重要出发点。

### 4.2.3.1 膝关节相对运动

当运动员前倾或中立位落地瞬间,由于雪板与雪面摩擦力的存在,胫骨相对股骨向后移动;而当运动员后倾落地瞬间,在坡面反作用力前向分力作用下,胫骨相对股骨向前移动[4]。这种膝关节位置的相对运动将直接造成前、后交叉韧带局部区域瞬间应力集中,从而发生韧带损伤。图 4.8(a)所示是当胫骨前移(股骨后移)时,膝关节相对运动示意图。可以看出,当相对运动发生时,前交叉韧带将被瞬间拉伸。图 4.8(b)所示是当胫骨后移(股骨前移)时,膝关节相对运动示意图。可以看出,当相对运动发生时,后交叉韧带将被瞬间拉伸。因此,在设计护具时,要考虑有效限制膝关节处股骨与胫骨的相对运动,从而降低膝关节损伤风险,有效保护前、后交叉韧带。

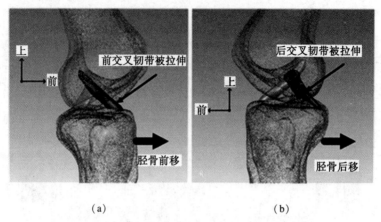

（a）　　　　　　　　　　　（b）

**图 4.8　胫骨前后移动引起的交叉韧带损伤图**

针对限制膝关节相对运动，护具的设计拟采用支条或支具装配于膝关节内、外侧。膝关节相对运动分为前、后相对运动和左、右相对运动[5]。在空中技巧项目实际落地缓冲过程中，这两种相对运动可能同时存在，但其产生的原因不同。前、后相对运动是落地缓冲过程中必然存在的，左、右相对运动是落地过程中着陆坡不平整或动作失败导致落地姿态异常时出现的。前、后相对运动是可以通过运动员强大的下肢力量控制的，左、右相对运动则很难控制和干预。在本书设计中，由于落地缓冲阶段时间短、冲力大，支条的设计无法满足需求，所以拟采用铰链式支具。结合运动项目特点，铰链式支具需要具备质量轻、强度大的特点。根据人体膝关节缓冲过程中关节角度变化的特点，铰链处将根据具体需要设计特殊结构，以实现角度限位功能。

### 4.2.3.2　膝关节相对旋转运动

无论运动员如何调整落地方案，落地前膝关节位置都要发生不同程度的旋转。图 4.9 为膝关节胫骨与股骨之间发生相对旋转示意图。其中，图 4.9（a）为右膝关节后视图，图 4.9（b）为右膝关节前视图。在屈曲情况下，如发生瞬间的相对旋转，将造成前、后交叉韧带损伤。因此，在设计护具时，应考虑限制胫骨与股骨的相对旋转，从而降低运动员落地缓冲阶段前、后交叉韧带损伤的概率。

针对限制膝关节相对旋转运动，不同厂家有各自的设计理念。多数采用上、下整体框架与铰链相固定的方法，从而实现限制膝关节相对旋转运动。这种方法有理论依据，但实际情况并非如此。如果要达到防护效果，护具需要紧贴膝关节，甚至令受试者产生压痛等不适感；相反，如果受试者穿戴相对舒适，那么护具将完全失去保护作用。此外,从穿戴者(国家队运动员)反馈得知,这种框架结构护具只有局部与膝关节关键位置接触,髌骨周围完全暴露。这样的设计也许有结构优势(用料节省、结构坚固、质量减轻),但受试者感觉不保暖,且没有安全感。主观感受及其引发的心理暗示将直接影响运动员技术动作的发挥和自信心。可以说,该问题是膝关节护具设计中难以根本解决又亟待解决的重要问题。在本书设计中,拟采用铰链与主体结构软连接的方式,增加铰链的宽度和主体部分膝关节的覆盖面积,使受试者既能感觉到铰链结构良好的限制功能,又不失膝关节的贴附、保温和透气功能。

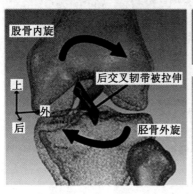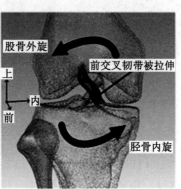

(a)右膝关节后视图　　　　　　　(b)右膝关节前视图

**图4.9　膝关节旋转引起的交叉韧带损伤图**

### 4.2.3.3　膝关节内、外翻

运动员在完成规定技术动作的缓冲阶段,屈膝姿态存在个体差异[6]。此外,由于着陆坡修整无法做到足够平整和软硬一致,因此屈膝缓冲时,难免发生膝关节内、外翻情况[7]。图4.10为右膝关节发生内、外翻示意图。从图4.10(a)中可以看出:当膝关节发生内翻时,膝关节内侧软骨(半月板)所受压力增大;随着内翻角度增大,外侧副韧带被拉伸。在较高冲击力作用下,膝关节的瞬间内翻将大大提升内侧软骨(半月板)和外侧副韧带损伤的概率[8]。同理,从图4.10(b)中可以得到类似的结论:随着外翻角度增大,内侧副韧带被拉伸。在较高冲击力作用下,膝关节的瞬间外翻将大大提升外侧软骨(半月板)和内侧副韧带损伤的概率。

根据对膝关节内、外翻发生的内因和外因的分析,着陆坡的平整度、坡面雪块的软硬度等外部因素是无法预知的。因此,在限制膝关节内、外翻设计时,拟采用个性化支条解决上述问题。膝关节两侧的支条选择铰链式连接,铰链处的材料应具有较好的强度和硬度，上、下支条材料应具有一定的可塑性，使其轴向形状与穿戴者膝关节两侧的自然曲线相一致。当两侧的支条具有良好的贴合度时，通过护具主体的结构设计实现内、外侧铰链的整体功能，降低膝关节内、外翻发生损伤的概率。

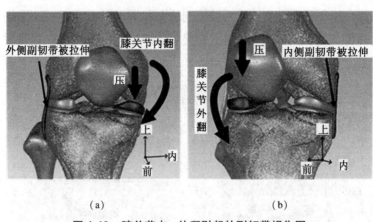

（a）　　　　　　　　　　　　　　　（b）

**图 4.10　膝关节内、外翻引起的副韧带损伤图**

#### 4.2.3.4　膝关节的缓冲

空中技巧运动员落地阶段缓冲的作用机理为：大腿前、后群肌肉共同作用，利用肌肉收缩产生的力矩克制膝关节角度的快速变化，从而在提高落地稳定性的同时，延长缓冲时间，降低膝关节处的应力[9-10]。当运动员落地缓冲时，如图 4.11 所示，膝关节以上环节的冲击力有一部分分解为垂直于胫骨平台的正压力，此时半月板将承受近 70% 的正压力[11]。为此，膝关节护具应考虑增强缓冲作用效果的设计，从而减少膝关节软骨以及半月板受到的应力。

加强膝关节落地阶段缓冲效果是空中技巧运动员护具设计的重要内容。虽然良好的下肢力量和前、后群肌肉的配比可以很好地起到缓冲和保护的作用，但在瞬间巨大冲击力作用下，延长接触时间可以在胫骨平台处有效地缓解力的作用效果，从而起到保护半月板和关节软骨的作用。在本书设计中，为了延长作用时间，铰链处尝试了多种设计方案，其中多数都由于结构复杂和材料强度等原因予以摒弃。在采用外部主体材料辅助铰链支条缓冲的设计方案进行测试时，缓冲效果较为明显，因此拟采用护具主体辅助铰链支条的方案进行膝关节护具设计。

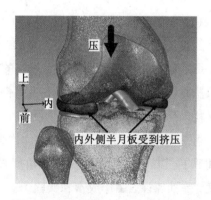

**图 4.11 冲击力引起的半月板损伤图**

# ◤◤ 4.3 膝关节护具的功能性设计与穿戴方式

膝关节护具的舒适性是建立在满足基本保护功能基础上的。此外，基于护具的个性化需求和基本功能不同，其舒适性也是相对独立存在的。总结市面上现有护具穿戴的体验情况，穿戴护具后产生的不适主要源于结构设计、材质使用的不合理，以及护具固定的松紧情况不同造成运动中局部压力过大或护具容易脱落。在本书中，膝关节护具的设计将从功能性、舒适性和方便穿戴方面展开。

## 4.3.1 护具功能性设计

护具的基本功能是保护，因此能够对空中技巧运动员膝关节实施针对性保护是本书设计的基本落脚点。护具是否具有运动能力增强效果需要在此基础上进行研究与设计。从膝关节损伤机理出发，结合 4.2.3 部分内容以及空中技巧运动员常见膝关节损伤病例，护具的功能性设计将从保护韧带、关节软骨和半月板方面着手。

限制相对运动是保护膝关节韧带的根本方式，其分为主动限制和被动限制。主动限制是指运动中在主动肌和拮抗肌合理匹配、共同作用下，有效限制关节相对运动，增强关节稳定性，从而起到保护作用。被动限制是指通过外部装置对膝关节运动进行有效干预，限制关节活动范围或运动速率，从而实现保护机制。针对空中技巧运动员，其下肢肌肉(主动肌、拮抗肌)力量与配比已经达到体能教练的要求，可以满足日常训练和比赛要求。可以说，运动员的主动限制能力已经优于常人(已有膝关节损伤的运动员除外),那么实施被动限制是加强膝关节稳定性、降低损伤风险的另一条途径。当然,针对已有膝关节损伤的运动员设计康复性护具,同样可以起到避免二次损伤的作用。

在本书设计中,限制膝关节相对运动拟选择支具部件实现。支具从材质方面分为金属、非金属材料,可选范围甚广,但由于受到生产工艺、强度、体积、质量和生产成本限制,可选材料范围大幅缩小。为此,本书拟选择合金材质,采用线切割制作和子母铆钉连接方式。虽然从技术角度采用3D打印技术可以实现,但基于材料强度、弹性属性、制作成本和实验条件等方面考虑。

支具的细节设计理念完全遵从运动项目自身特点。通过对空中技巧项目整体的运动学分析(本书2.2.2节)可知,运动员在完成规定动作过程中,膝关节活动范围在70°~175°(注:此处活动范围不能与运动员真实活动范围完全一致,要多留出一定空间),因此支具的活动范围必须包含该角度范围。图4.12为护具铰链处设计的外观参数。从图中可以看出,核心位置采用了双铰链设计方案。双铰链设计能够将屈伸过程分解为大腿、小腿两部分的运动(以关节处为参考点),支具的这种连接方式不仅可以增加舒适性,而且具有增加膝关节稳定性的作用。

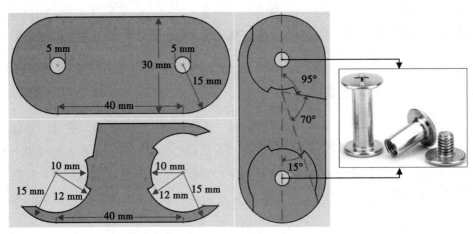

图4.12 铰链处的设计参数图

## 4.3.2 护具舒适性设计

舒适性设计首先应注意结构的合理性。在保证膝关节护具基本保护功能的前提下,力求主要部件的结构合理。在本书设计中,膝关节护具的主要部件由主体部分、支具部分、贴附部分和固定部分组成。独立部件既要发挥设计时的个体功能，又要在装配后展现护具整体设计功能，因此，在设计和优化过程中，需要各部分性能的调整或互补，达到舒适性和功能性的最佳匹配。

舒适性设计主要是针对护具主体部分进行设计。需要考量的因素有运动员的下肢参数(环节长度、围度)、雪鞋参数(鞋桶高度、倾斜角度)、膝关节健康情况(是否有伤病或伤病史)等。下肢参数是指相关测量学数据，例如长度、围度、宽度等。结合雪鞋高度，能够确定护具下端(铰链连接处以下部分)的长度。根据运动员膝关节健康情况调整护具主体的相关参数，例如局部结构、厚度等，从而使护具在保证舒适的前提下，保护功能更有针对性。虽然拟定护具主体使用 TPU 材料结合运动员下肢参数确定精确尺寸，但根据以往经验，运动员下肢静态测得的数据无法与真实运动数据达成一致，即精准的尺寸未必可以获得舒适的效果。因此，在护具主体设计时，局部(运动中下肢参数变化较大的区域)尺寸将做出相应调整。此外，还要考虑到膝袖的设计参数。

贴附部分是指直接与皮肤接触的膝袖部分。之所以要设计膝袖，是出于舒适和保暖方面的考虑。TPU 材料可以直接接触皮肤，但在环境温度较低的情况下，材料硬度变高，有可能出现局部压痛感，此时在皮肤与主体部分之间增加膝袖，除了可以很好地避免压痛感出现，还可以为膝关节保暖。膝袖内层的防滑设计使其可以很好地与皮肤贴合，外层的固定粘扣可以有效地控制主体部分和铰链位置，使结构更加紧密。

### 4.3.3 护具穿戴设计

自由式滑雪空中技巧运动员除热身外，训练或比赛前的场地适应与速度测试都在场地(室外)进行，运动员要先穿戴护具，再外套滑雪裤。护具的穿戴要考虑运动项目特点、环境条件以及运动员个人习惯等因素。根据空中技巧项目特点和运动员着装要求，运动员须穿着滑雪服装，因此护具的舒适性、易于调整和不易滑动尤为重要。由于膝关节护具穿在滑雪裤内，不应有异物感，因此护具要尽量贴身，而且固定装置应避免使硬质、突出部件直接接触皮肤。

在本书设计中，固定部件选择魔术贴，如图 4.13 所示。魔术贴材料的功能不受温度影响，轻薄透气，非常适合应用于运动护具的松紧调整和固定。由于运动员所处外部环境气温均在零下，因此出于保暖考虑，贴附面料应选择保暖、柔软、透气的材料。

**图 4.13　魔术贴**

# 4.4　膝关节护具的制作工艺

专业的膝关节护具的制作工艺虽然不算复杂，但从现有的文献资料以及产品说明书中很难查到护具的设计和制作过程。其中最重要的原因之一就是"商业秘密"。膝关节护具的制作工艺可以被模仿，但是每一个膝关节护具的品牌都有自己最基本的设计理念，这是很重要的商业秘密。本书所设计的膝关节护具的目的、用途和适用对象已经非常明确，设计理念已经确定，关于制作工艺的选择是下一阶段的主要研究内容。

## 4.4.1　现有膝关节护具制作工艺

根据市场上现有的膝关节护具调查结果，膝关节护具主体部分的制作工艺可以归纳为：支撑物与针织物缝合[图 4.14(a)]、合金铰链与尼龙装配[图 4.14(b)]以及硅胶与塑料装配[图 4.14(c)]等。它们的应用范围、价格以及穿戴感受各有不同。消费者可以根据自己的需要合理选择，但大多数都无法实现个性化定制。

支撑物与针织物缝合是最常见的膝关节护具制作工艺，某些国际知名品牌也采用该工艺进行护具制作。其穿戴方便、舒适，适用运动项目广泛，而且价格相对亲民，因此市场保有率较高，受到很多使用者的青睐。从防护原理和设计原理角度来看，支撑物与针织物缝合类护具虽然应用非常广泛，适用于很多体育运动项目，但所能起到的保护作用有限，缺乏专业性、针对性保护设计，而且防护效果一般。

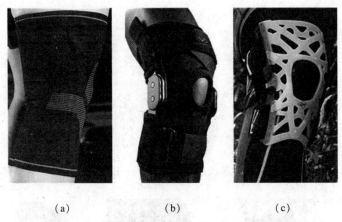

(a)        (b)        (c)

**图 4.14 现有膝关节护具主体部分的制作工艺**

## 4.4.2 护具主体功能定位

支具在膝关节护具中起到支撑和限制关节相对运动的作用。在本书中，针对空中技巧项目特点，设计支具时需要考虑其与大腿，小腿内、外侧轮廓的贴合性以及在膝关节活动过程中角度变化范围的限制。市场上现有具备支撑功能的膝关节护具种类较多，从支撑物的类型来看，主要分为支条型和铰链型 2 种。

支条型支具由弹性胶状物（图 4.15）或金属柔性结构（图 4.16）制作。胶状物是早期护具常用支条材质，其优点是质量轻、贴附性好且无压痛感。因为由弹性胶状物制作，因此这种类型的膝关节护具基本没有支撑效果和限制关节相对运动的作用。弹性胶状支条常装配于普通的运动、保健护膝上，有效保护性能较低。金属柔性支条的材质为不锈钢，其结构类似被"压扁"的弹簧（也称双鱼骨结构）。金属柔性支条的轮廓与胶状支条类似，除具有同样的贴附性好、无压痛感优点以外，其弹性要稍好些，但质量略重。虽然金属柔性支条各方面的性能都优于弹性胶状支条，但其仍无明显的支撑效果和限制关节相对运动的功能。金属柔性支条是弹性胶状支条的换代产品，主要面向普通运动人群和普通强度的运动项目设计。

铰链式支条经常被使用在具有针对性保护功能的膝关节护具中。图 4.17 [（a）为铰链式膝关节康复护具；（b）为铰链式柔性运动护具；（c）为铰链式刚性运动护具] 中列出了 3 种铰链式膝关节护具，它们的设计理念与适用范围各不相同。

图 4.15　非金属弹性胶状条　　　　图 4.16　金属柔性支条

（a）　　　　　　　　（b）　　　　　　　　（c）

图 4.17　铰链式膝关节护具图

图 4.17(a)款护具常用于膝关节损伤、术后康复阶段。此款护具铰链上、下支条较长，铰链处设计有膝关节角度限位器。这种设计可根据实际情况任意调整膝关节限位角度，实施针对性保护。图 4.17(b)款护具将铰链与柔性(织物)护具相结合，铰链上、下支条较短，容易穿戴。此类膝关节护具常用于有较大强度的运动项目中，穿戴者一般有膝关节损伤史或膝关节稳定性较差的症状。这种设计既有舒适的贴附感和保温效果，又在一定程度上起到支撑作用。图 4.17(c)款护具主体材质为碳纤维，铰链处同样设计有膝关节角度限位器。此类护具由于主体框架材料强度高、质量轻，因此常用于危险性较高的极限运动。由于其价格较高，而且在非定制情况下，可能影响穿戴效果和舒适性，因此选购时需慎重考虑。

综合上述支具的材质和功能，结合空中技巧项目特点和运动员下肢运动学数据，本书设计了一款具有支撑、弹性、限位、轻便特点的护具铰链和主体结构。核心位置的铰链组成以及设计与尺寸如图 4.18 所示。

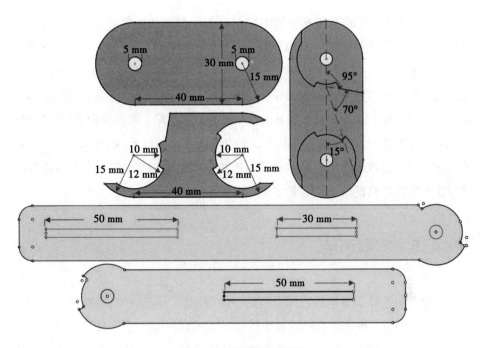

图 4.18　铰链部件参数图

### 4.4.3　膝袖功能设计

　　为了提高护具的舒适性、保暖性和整体性,膝袖需要有针对与护具主体连接、固定以及腘窝处的设计。根据受试者腿部围度数据对膝袖的尺寸进行缝制,并对腘窝位置进行镂空设计。以右腿膝袖为例,如图 4.19 所示。

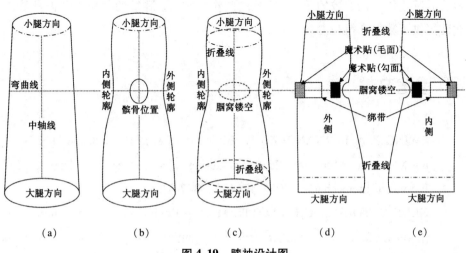

图 4.19　膝袖设计图

其中，图 4.19(a)是根据膝袖对应下肢起止位置所确定的小腿、大腿围度将材料卷成的桶状示意图。根据下肢轮廓对桶状外形局部收紧，形成包裹性较好的轮廓缝合线，并根据中轴线（下肢力线）与弯曲线（膝关节屈伸轴线）位置确定髌骨位置和对应下方的腘窝镂空位置[图 4.19(b)(c)]。为了使膝袖与护具主体形成整体效果，分别在膝袖内、外侧增加魔术贴、绑带和折叠线（通过向下、向上的折叠，稳固护具主体的上、下边缘位置）设计[图 4.19(d)(e)]。此举一方面可以有效减少下肢屈伸运动时护具主体位置偏移；另一方面可以在一定程度上增强护具的舒适性和稳定性，增强保护功能。

## 4.5　本章小结

本章介绍了膝关节护具在体育运动中的应用。不同运动项目对膝关节的保护要求有所差异，挑选适合运动员个体和运动项目的膝关节护具至关重要。根据膝关节解剖学理论，结合运动员落地缓冲阶段膝关节运动特点，列举并分析了几种典型的造成膝关节损伤的情况，为膝关节护具设计提供了理论依据。

膝关节护具的个性化设计参数涉及针对运动项目的运动学参数、环境要素以及运动员个性化数据。因此，根据第 2 章研究结论，确定了护具实施保护的活动范围，制定了支具的铰链设计方案。结合冬季项目气温低的特点，制定了膝袖的设计方案。为了便于护具的穿脱，综合考虑了连接和固定方式。本章内容为后续主体结构参数的获取、支具的制作与拼装、膝袖的制作以及护具整体组装提供了数据支持与参考。

## 参考文献

[1] EWING K A,FERNANDEZ J W,BEGG R K,et al.Prophylactic knee bracing alters lower-limb muscle forces during a double-leg drop landing[J]. Journal of biomechanics,2016,49(14):3347-3354.

[2] OLLY D,TODD S,CHARLOTTE M,et al.Review of auxetic materials for sports applications:expanding options in comfort and protection[J].Applied sciences,2018,8(6):941.

[3] NAVARRO,LAURENT,PIERRAT,et al.Evaluation of the mechanical efficiency of knee braces based on computational modeling[J].Computer methods in biomechanics and biomedical engineering,2015,18(6):646-661.

[4] POTTHAST W,BRUEGGEMANN G P,LUNDBERG A,et al.Relative movements between the tibia and femur induced by external plantar shocks are controlled by muscle forces in vivo[J].Journal of biomechanics,2011,44(6):1144-1148.

[5] LUETKEMEYER C M,MARCHI B C,ASHTON-MILLER J A,et al.Femoral entheseal shape and attachment angle as potential risk factors for anterior cruciate ligament injury[J].Journal of the mechanical behavior of biomedical materials,2018(88):313-321.

[6] KETATA H,KRICHEN A,DAMMAK M.Effects of Varus/Valgus rotation deficiency on the response of total knee prostheses[J].International journal of biomedical engineering and technology,2013,11(4):381-393.

[7] BENDJABALLAH M Z,SHIRAZI-ADL A,ZUKOR D J.Finite element analysis of human knee joint in varus-valgus[J].Clinical biomechanics(Bristol,Avon),1997,12(3):139-148.

[8] GARDINER J C,WEISS J A.Subject-specific finite element analysis of the human medial collateral ligament during valgus knee loading[J].Journal of orthop research,2003,21(6):1098-1106.

[9] DAVOODI M M,ABU OSMAN N A,OSHKOUR A A,et al.Knee energy absorption in full extension landing using finite element analysis[M]//ABU OSMAN N A,ABAS W A W,ABDULWAHAB A K,et al.5th Kuala Lumpur International Conference on Biomedical Engineering,2011.

[10] ASPDEN R M.A model for the function and failure of the meniscus[J].Engineering in medicine,1985,14(3):119-122.

[11] OSHKOUR A A,ABU OSMAN N A,DAVOODI M M,et al.Knee joint stress analysis in standing[M]//ABU OSMAN N A,ABAS W A W,ABDULWAHAB A K,et al.5th Kuala Lumpur International Conference on Biomedical Engineering,2011.

# 第 5 章 基于负泊松比材料的力学 特性及护具结构研究

根据第 4 章得出的个性化设计理念，在能够满足空中技巧运动员膝关节个性化护具制作要求的技术手段中，本书选择了负泊松比展开研究与讨论。通过追溯负泊松比结构的发展历史，明确了其作为护具设计的先天优势。在本章中，通过文献整理，负泊松比结构被本书锁定为重要研究内容。根据负泊松比结构特点，并结合膝关节运动规律发现，负泊松比结构的变形规律非常适合应用于膝关节护具的设计中。为了使护具具有较好的舒适性和达到缓冲效果，选择 TPU 作为护具的制作材料。对于设计的结构，分别通过拉伸试验和有限元仿真的方法对试样的力学性能和模型的仿真过程进行比对，从而验证材料与结构、试验与仿真的合理性和一致性，为后续膝关节护具的制作提供理论依据。

## 5.1 负泊松比结构与设计

### 5.1.1 负泊松比结构简介

泊松比（Poisson's Ratio）的概念由法国著名数学家泊松（Simeon Denis Poisson）提出，用于描述在材料发生横向变形的同时伴随产生的纵向变形现象。大多数传统材料具有正泊松比。早期弹性力学理论认为，所有各向同性材料的泊松比为 0.25，但随着经典弹性理论的发展，人们发现不同的各向同性材料的泊松比相差很大。经典弹性理论证明了各向同性材料的泊松比取值范围在 $-1.0 \sim 0.5$[1]。当泊松比为负值时，材料会表现出不同于传统材料的反常特性，例如，横向受拉伸载荷时，负泊松比材料会沿纵向发生膨胀。最早关于负泊松比材料的报告出现在 20 世纪初期。化学家发现了自然界某些物质（如黄铁矿、砷、镉、铁磁性薄膜、FCC 晶体、猫的皮肤以及母牛乳头的皮肤）会表现出负泊松比效应[2-7]。

负泊松比（Negative Poisson's Ratio）结构是由美国威斯康星大学的 Roderic S. Lakes 于 1987 年首次提出的[8]。当时 Lakes 把一个 110 mm×38 mm×38 mm 的普通聚氨酯泡沫放入 75 mm×25 mm×25 mm 的铝制模具中，进行三维压缩后，再对其进行加热、冷却和松弛处理，得到的泡孔单元呈内凹结构。首次通过对普通聚合物泡沫的处理得到具有特殊微观结构的负泊松比材料，并测得其泊松比值为 -0.17。自此，这一领域的研究开始蓬勃发展起来。研究结果表明[9-11]，负泊松比材料在剪切刚度、断裂韧性、能量吸收等方面都有不俗表现。负泊松比材料良好的力学性能使其在汽车工业、航空、人防以及生物医疗等领域具有广泛的应用前景[9, 12-13]。

在做材料拉伸（压缩）试验时，材料沿载荷方向产生伸长（或缩短）变形的同时，在垂直于载荷的方向会产生缩短（或伸长）变形。垂直方向上的应变 $\varepsilon_l$ 与载荷方向上的应变 $\varepsilon$ 之比的负值称为材料的泊松比。泊松比用 $\nu$ 表示，表达式为

$$\nu = -\frac{\varepsilon_l}{\varepsilon} \tag{5.1}$$

在材料弹性变形阶段，$\nu$ 是一个常数。对于传统材料，在弹性工作范围内，$\nu$ 一般为常数，但超越弹性范围以后，$\nu$ 随着应力的增大而增大，直到 $\nu=0.5$ 为止。

## 5.1.2　材料的选择

根据第 4 章阐述的膝关节护具的设计理念，空中技巧项目膝关节护具的基本结构分为支撑件、弹性面料以及贴附面料。支撑件拟采用铰链连接，材质应具有一定弹性、强度和较轻的质量；弹性面料将根据项目需求和个性化需求设计相应的束缚结构，应柔软，具有保暖功能；贴附面料为选配组件，主要在室内、夏季使用，应选择包裹性好、透气性高和防滑效果好的针织材料。

根据现有实验条件和应用需求，本书设计中将选取金属材料制作支撑件，选取 TPU 材料作为弹性面料。根据设计理念并结合材料的材质、质量以及力学性能，选择钛合金材料制作支撑件。基于护具的弹性要求，弹性面料采用 TPU 材料通过 3D 打印技术实现特殊结构的设计。

在本节中，为护具设计一种负泊松比结构作为护具外围包裹配件。传统护具的包裹配件多数采用布料、硅胶、化纤等材质，其特点是成本低，穿戴触感舒适，但基本不具备防护功能，而且出汗后透气性差。有些护具在设计时，为限制相对运动，采用碳纤维、铝合金等硬质材料作为框架，虽然有一定的保护

功能，但容易产生局部压痛感。另有一些包裹配件材料性能不符合关节活动规律要求，膝关节屈曲时局部结构压迫髌骨，从而使膝关节内部压力过大，甚至影响关节活动度。如长期穿戴，上述护具不仅不会起到保护作用，而且会给使用者带来不舒适的体验，甚至导致其他运动损伤的发生。

### 5.1.3 护具设计中负泊松比材料的优势

膝关节护具实施保护过程中，弯曲现象频繁出现。传统材料在承受面外弯矩时，其表面弯曲将导致垂直方向的收缩，令边缘向上卷曲，呈马鞍形，出现反向曲率（横向曲率与弯曲主曲率相反的反向曲率），如图 5.1（a）所示；如使用负泊松比材料，表面弯曲将导致垂直方向的膨胀，从而表现为同向曲率，如图5.1（b）所示。

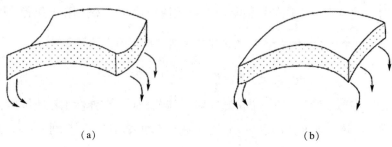

(a)                              (b)

**图 5.1  传统材料与负泊松比材料弯曲对比图[13]**

换言之，正泊松比结构不适用于本书的膝关节护具的设计。例如，设计髌骨周围覆盖物时需要考虑，当膝关节屈曲时（图 5.2），上、下方向的拉伸（白色箭头）将使髌骨两侧区域向内收缩（灰色箭头），同时加大髌骨正上方的压力（黑色箭头），而此种压力将迫使髌骨与股骨软骨接触力增大。在下肢剧烈运动或多次往复屈膝的情况下，会加速软骨的磨损。此外，在护具内、外两侧有支条的情况下，覆盖物两侧的收缩会对内、外两侧支条产生错位牵拉，势必导致局部压痛或两侧拉力的作用使支条的保护功能降低。

当然，这种情况可以通过髌骨上方的镂空设计加以缓解，如图 5.2（b）所示。虽然镂空设计缓解了髌骨正上方的压力，但上、下方向的拉伸并没有完全抵消两侧的收缩效果，而且将降低护具保暖效果（冰雪项目还要考虑保暖性）。髌骨处镂空设计的主要目的是稳定髌骨活动位置。如果设计中使镂空位置相对固定，又存在个体差异，使得不能很好地与髌骨运动轨迹相吻合，那么在往复的高屈曲运动时，也容易造成穿戴不适，可能影响髌骨正常运动。

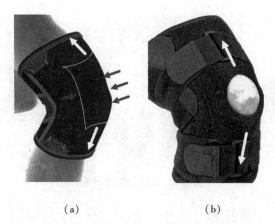

（a） （b）

图 5.2 屈膝过程护具表面受力情况图

为了更好地改善现有护具存在的上述问题，本书尝试使用负泊松比结构设计。负泊松比结构具有不同于普通材料结构的独特性质[14-17]，在很多方面具备其他材料所不能比拟的优势，尤其是材料的物理机械性能、剪切模量、抗缺口性能、抗断裂性能以及回弹韧性都得到了提高[18]。负泊松比是指受拉伸时，材料在弹性范围内横向发生膨胀；而受压缩时，材料的横向反而发生收缩。当泊松比为负值且数值越小时，负泊松比效应越明显。

综上所述，对于膝关节护具，应用负泊松比结构设计弹性护具主体将充分发挥材料和结构的优越性。因为负泊松比材料具有良好的物理机械性能，所以它非常适合制造紧固件，在受外力时，材料的横向膨胀可以抵消外力的作用，从而提高这些部件的抗负荷能力，降低组件偏移的可能。以图 5.2 为例，如果采用负泊松比结构的弹性材料制作护具主体结构，那么在膝关节屈曲时，灰色箭头的牵拉力将消失，从而减少黑色剪头的压力；与此同时，膝关节两侧的支条将不会发生前后偏移，从而维持支条自身较好的支撑和缓冲作用。

## 5.1.4 结构设计

研究开展期间，为了找到最适合空中技巧运动员落地阶段膝关节护具的结构和尺寸，在实验模拟阶段，设计了几种负泊松比结构进行有限元仿真计算。从典型的几种结构[19-22]的研究中发现：这些结构的负泊松比效果是通过单胞结构的旋转产生的，而这种结构的旋转运动与风车类似。因此，从风车结构中产生灵感，在 Autodesk 123D Design 软件中，设计了本书研究需要的单胞结构，如图 5.3 所示。

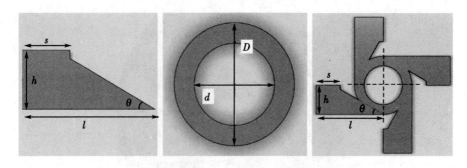

图5.3 单胞结构设计图

图 5.3 中包含了多个参数($s$, $h$, $l$, $\theta$, $d$, $D$)，为了找到适合的参数，首先需要确定单胞结构的相互连接方式。本书尝试过多种连接方式，最终根据负泊松比效应，选择了如图 5.4 所示连接结构。这样的连接方式可以最大限度地发挥手性结构的旋转效应，从而使负泊松比效果更加明显[4]。

图 5.4 单胞结构连接图

为了确定图 5.3 中的所有参数大小，需要首先确定几个固定不变的参数。从护具的外观、结构和舒适性角度考虑，将 $D$, $l$ 和 $h$ 设为固定值。本书中 $D$ = 6 mm，$l$ = 7 mm，$h$ = 3 mm，在此基础上，确定 $s$, $\theta$ 和 $d$ 的尺寸。由于 $s$ 的大小与 $\theta$ 的大小相关联，因此只需考虑 $\theta$ 和 $d$ 两个参数就可以得到该结构的最佳设计方案。

如图 5.5 所示，5 幅草图中间是直径为 $D$ 的圆形，以上、下、左、右四分点为顶点，分别作四条长为 $l$ 的切线段，另一端点处做垂直的线段 $h$。在四分点处做与切线段夹角为 $\theta$ 的射线与 $s$ 端垂线相交。为了探究影响该结构负泊松比效果的因素，分别为 5 幅草图设计了不同尺寸的空心结构加以对比分析。其中，图 5.5(a) 为实心结构，即 $d$ = 0，图 5.5(b)(c)(d)(e) 分别为 $d$ = 1, 2, 3, 4 mm 的圆形中空设计(其他参数均相同，$D$ = 6 mm，$l$ = 7 mm，$h$ = 3 mm，$s$ = 2.5 mm，

$\theta = \arctan 4/7$ )。

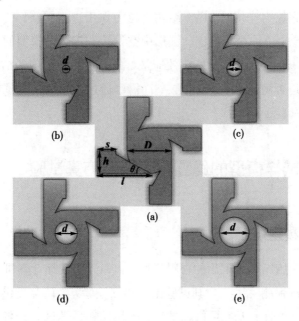

图 5.5　5 种单胞结构图

　　图 5.5 的这种风车结构属于中心对称的四杆圆节点手性结构,可以通过很多种连接方式进行组装。由于以圆心对齐的方式相连,可以有效地加强结构外围的旋转趋势,从而增强该结构的负泊松比效果,各自的拼装效果如图 5.6 所示(与图 5.5 成对应关系)。

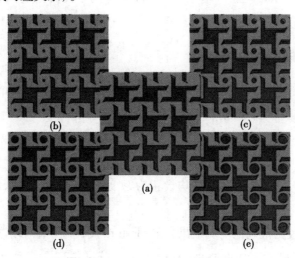

图 5.6　5 种单胞结构的组装效果图

这种设计在突出个性化的同时，在一定程度上发挥了负泊松比结构的优势。该结构受到拉力作用时，风车结构将拉力作用进行转换，位移的方向也随之发生变化，产生负泊松比效应。圆形中空设计一定会使模型的泊松比产生变化，拟通过仿真试验得到负泊松比效应最好、力学性能最佳的结构。当然，这种结构的性能是否满足本书设计需要，尚需要通过后续的仿真试验和材料力学试验进行测试和验证。

## ◢◢◢ 5.2　试样模型的确立与有限元仿真试验

### 5.2.1　试样模型确立

为了验证单胞结构装配后的材料属性，本书分别选择计算机仿真方式和力学试验方式进行评测[20, 23-24]。其试验结果相互校验，为研究提供了客观、可靠的数据与结论。然而，无论是仿真试验，还是材料力学试验，都需要有统一标准的模型，但恰恰这种特殊结构的试样尚无统一标准，因此需要制定适合、可行、统一的试样参数，并最终设计出试样模型。

试样的参数和模型可以根据材料力学试验的设备指标、夹具类型和试验可行性进行设定。根据设备量程和夹具类型、尺寸，试样模型与仿真模型的尺寸统一设计为长 90 mm（上、下各有 7.5 mm 边缘用于夹具固定）、宽 50 mm、厚 5 mm。本书中的仿真试验模型和材料力学试验试样均采用这种规格。

### 5.2.2　仿真模型建立

使用相同的参数，分别在 Autodesk 123D Design 软件和 Abaqus 有限元分析软件中建立试样模型。模型以 stl 格式保存并发送给 3D 打印平台完成试样的模型打印。Abaqus 软件创建的有限元计算模型如图 5.7 所示。其中，图 5.7（a）（b）（c）（d）（e）分别为中空直径 $d=0, 1, 2, 3, 4$ mm。参照生产方提供的 TPU 材料属性，将 5 种结构材料属性均设置为密度 1.2 $g/cm^3$、杨氏模量 20 MPa、泊松比 0.45。

为了得到较为准确的仿真结果，在 Mesh 阶段，5 种结构均以 C3D8R 格式 0.5 mm 为最小单元完成网格划分（图 5.8），分别得到图 5.8（a）（b）（c）（d）（e）的网格数（节点数）为 141800（172898）、147220（179652）、143680

（176550）、137490（170533）、130710（163867）。

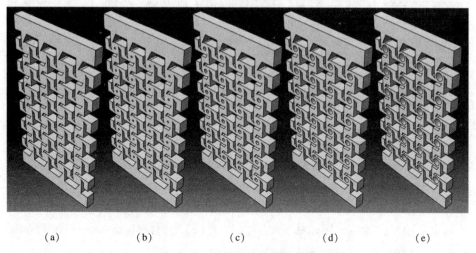

（a） （b） （c） （d） （e）

**图 5.7 5 种结构的仿真模型图**

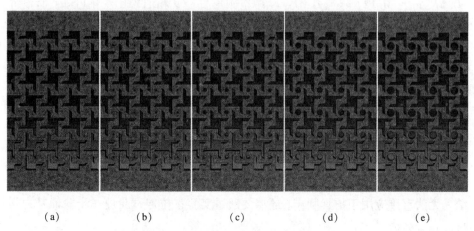

（a） （b） （c） （d） （e）

**图 5.8 5 种结构仿真模型的网格划分图**

## 5.2.3 有限元分析结果

根据拉伸试验经验，在仿真计算中，为了与拉伸试验相吻合，将模型一端（7.5 mm 以内）完全约束，另一端施加 60 mm 垂直方向位移。5 种结构模型的仿真结果如图 5.9 所示。

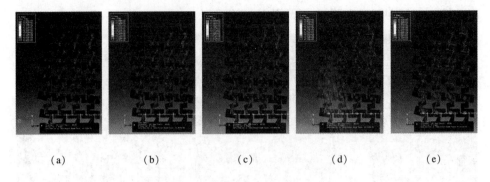

（a）  （b）  （c）  （d）  （e）

**图 5.9　5 种结构的有限元分析图**

从图 5.9 仿真结果可以明显看出，5 种结构的试样在模拟拉伸试验过程中均具有负泊松比效应。图 5.9（a）（b）（c）（d）（e）均为拉伸 25 mm 长度时截图，根据后处理结果，分别得到 5 种结构的泊松比：$\nu_A = -0.20$，$\nu_B = -0.19$，$\nu_C = -0.17$，$\nu_D = -0.12$，$\nu_E = -0.01$。从中空圆形直径 $d$ 和泊松比变化可知：所设计结构的泊松比随着中空圆形直径的增加而逐渐增加。

根据计算机仿真结果，对图 5.9（a）（b）（c）（d）（e）这 5 种结构的应力-应变数据进行提取，如图 5.10（a）（b）（c）（d）（e）所示。从图 5.10 中可以看出，5 种结构的应力-应变曲线走势基本相同，只是在相同应变处应力值有所不同。5 种结构在同一坐标下应力-应变曲线走势如图 5.10（f）所示，从图中曲线的斜率（弹性模型）变化可以看出：随着中空圆形直径增大，模型的弹性模量变小。虽然通过仿真结果可以判断该材料满足护具力学性能的设计要求，但仿真计算的结果无法直接应用于护具制作，还需要通过实验室拉伸试验进一步验证其力学特征和有效性。

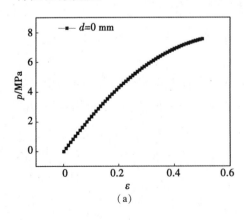

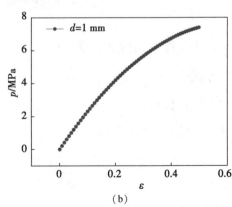

（a）        （b）

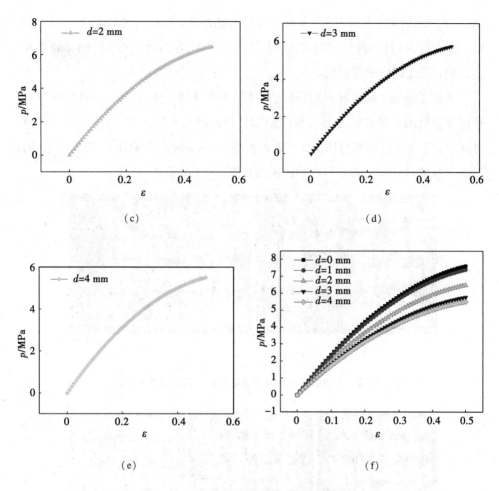

**图 5.10　5 种结构的应力-应变曲线图**

## 5.3　打印结构的力学性能测试

### 5.3.1　打印试样生成

　　根据仿真模型，将图 5.10(a)(b)(d)的模型数据导入 3D 打印机生成试验试件。从 3D 打印模型制作精度和材料成本方面考虑，将模型数据分别发送至改造过的桌面级 3D 打印机和 EP3850 型 3D 打印机完成模型制作。材料力学试验对 3D 打印试样的精度和完整度有较高要求。观察两种设备打印出的试样（图 5.11），可以明显看出各自的优缺点：工业级 3D 打印机(EP3850)打印出的试样[图 5.11(a)]表面规则、光滑,试样密度较高,微小尺寸处精度有轻微缺陷;桌面级 3D 打印机打印出的试样[图 5.11(b)]表面尚规则,但填充处有很多缺陷,因此试样密度较低。

虽然工业级、桌面级 3D 打印机均使用 TPU 材料完成打印,但打印喷口处精度和温度的差异导致喷出量和成型效果出现较大差异。基于 TPU 材料的特殊属性,工业级打印机打印图 5.11(a)模型时,1 mm 的孔洞存在打印缺陷,通过人工修复将孔洞打通。打印后的模型如图 5.12 所示。

(a)            (b)

**图 5.11 工业级打印机与桌面级打印机打印模型对比图**

(a)模型(a)      (b)模型(b)      (c)模型(d)

**图 5.12 模型(a),(b)和(d)打印试样**

## 5.3.2 力学性能测试

试样的拉伸试验在东北大学理学院力学实验室进行。试验设备采用德国生产的 Zwick Z010 万能试验机。力学实验室试验环境、条件完全满足本书试验要求，试验组织与设备操作均由专业人员完成，确保了试验流程和试验数据的合理与准确。

为了测试图 5.12 所示 3 种打印试样的力学性能和泊松比情况，试验将 3 种试样进行 Z 方向(垂直方向)拉伸加载。为了配合试验，试样设计时，上、下端均添加了夹具固定区域。测试方案选择万能试验机下端夹具位置锁定方式，上端以 3 mm/min 速度向上拉伸。为了较为全面地评测该结构的力学性能，将系统预设的拉伸距离设定为 60 mm。试验期间，影像设备同步采集拉伸过程中试样的图像数据，测试过程如图 5.13 所示。各模型测试细节如图 5.14 所示。

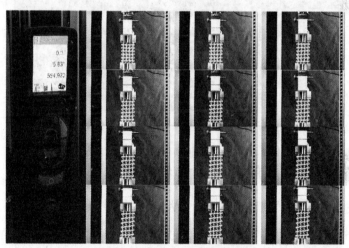

**图 5.13 测试过程图**

(a)模型(a)，$d=0$ mm

（b）模型（b），$d=1\ \text{mm}$

（c）模型（d），$d=3\ \text{mm}$

**图 5.14　3 种打印试样的拉伸试验图**（$d$ 是仿真模型中空圆形直径）

　　试验过程中使用照相机定时采集了大量的图像数据，泊松比是通过计算机对拍摄照片的图像像素点位置计算获得的。由于拉伸速度较慢（3 mm/min），相邻位置的图像区分度不大，因此分别选取在初始位置 0，10，20，30 mm 这 4 个时相的图像进行展示。由于通过计算机仿真和材料力学试验可以归纳直径变化对试样性能影响的规律，从试验成本和时间成本考虑，设计模型（c）和（e）未做此项测试。后续将通过试验结果的相互校验与对比完成对模型（c）和（e）的评价。

### 5.3.3　结果分析

　　根据试样的单次拉伸测试结果可以获得 3 种结构的应力-应变数据，生成曲线，如图 5.15 所示。从图 5.15 可以看出，拉伸长度在 0～15mm 范围内，曲线基本处于线性阶段。后续计算中的泊松比、弹性模量都是在线性弹性阶段获取的。

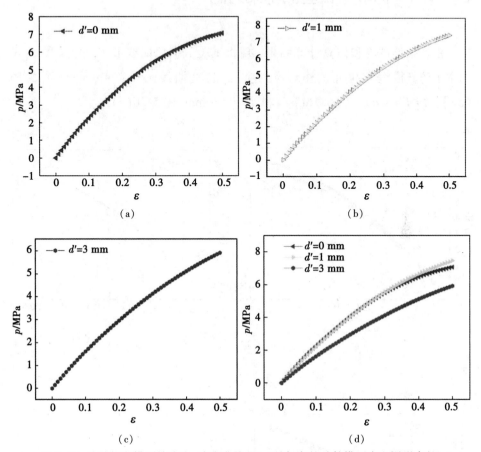

**图 5.15  3 种打印模型的应力-应变曲线图**($d'$是打印的试件模型中空圆形直径)

通过对 3 种模型试样的多次试验，获取了多组数据。在弹性范围内，模型(a)、模型(b)和模型(d)的泊松比如表 5.1 所列。从数据中可以看出，在弹性范围内，3 种试样在拉伸试验中所体现的泊松比($\nu$)数值随着中空圆形直径增大而增加，即负泊松比效果逐渐减弱。

**表 5.1  3 种打印模型的泊松比**

| 模型 | (a)，$d=0$ mm | (b)，$d=1$ mm | (d)，$d=3$ mm |
| --- | --- | --- | --- |
| 泊松比($\nu$) | −0.40 | −0.36 | −0.21 |
| 标准差($SD$) | 0.05 | 0.04 | 0.05 |

## ◪ 5.4 仿真与试验的结果对比

根据拉伸试验和仿真计算结果，现将试验数据以曲线形式展示。图 5.16 列举了仿真模型和拉伸试样对应的应力-应变曲线：$d=d'=0$ mm[图 5.16 (a)]、$d=d'=1$ mm[图 5.16(b)]和 $d=d'=3$ mm[图 5.16(c)]。

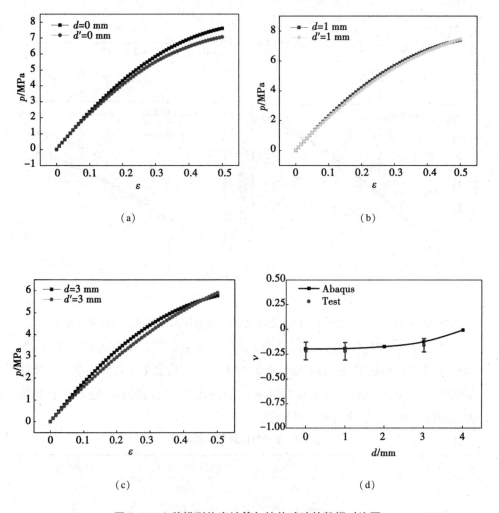

（a）　　　　　　　　　　　　　（b）

（c）　　　　　　　　　　　　　（d）

**图 5.16　3 种模型仿真计算与拉伸试验的数据对比图**

从图 5.16(a)(b)(c)中可以看出，在线性弹性范围内，仿真模型与拉伸试样在试验过程中表现出的力学性能基本一致。为了探究 $d(d')$ 变化对模型(试样)的影响，本书将多次试验数据以均值±标准差形式进行统计，得出图 5.16 (d)。虽然仅对 3 种型号的试样进行了拉伸试验，但从图 5.16 可以看出，试样的拉伸试验得到的数据符合模型仿真试验得出的材料力学性能规律。

## 5.5 改变结构参数的仿真试验

为了获得最适合的膝关节护具设计参数，在后续的仿真试验中，将修改必要的单胞结构参数，旨在通过改变参数调整单胞结构的力学响应，从而改变模型的力学性能，获得最适合的泊松比[25]。在本书中，根据单胞结构自身特点和连接特点，选择 3 个结构参数($\theta$, $l$ 和网格大小)进行仿真验证。

### 5.5.1 改变 $\theta$ 的模型仿真

在模型设计时的相关参数中，$\theta$ 是非常关键的参数。由于护具设计要求，其他参数变化将导致模型整体结构发生巨大变化，因此仿真试验中尝试通过改变 $\theta$ 的大小探究该参数对模型泊松比和弹性模量的影响。

#### 5.5.1.1 模型建立

在设计时，分别选择相比原 $\theta$ 稍小和稍大的角度建立单胞模型，具体角度如图 5.17 所示。其中，$\theta = \text{arctan} 4/7$ 为最初设计的模型，$\theta = \text{arctan} 3/7$ 和 $\theta = \text{arctan} 2/3$ 分别为较小和较大角度时建立的试样模型，如图 5.18 所示。通过对局部参数变化设计的模型进行仿真计算，获取参数 $\theta$ 与模型泊松比和弹性模量的关系。

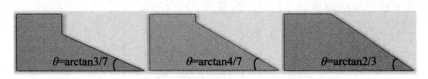

图 5.17 单胞结构中多个 $\theta$ 角度的模型图

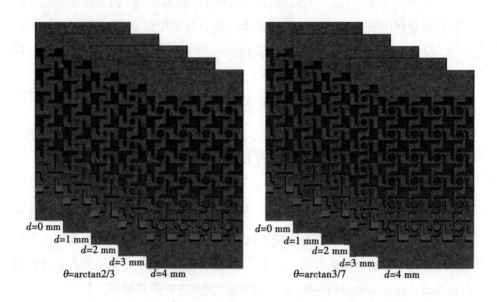

$d=0$ mm
$d=1$ mm
$d=2$ mm
$d=3$ mm
$d=4$ mm
$\theta=\text{arctan}2/3$

$d=0$ mm
$d=1$ mm
$d=2$ mm
$d=3$ mm
$d=4$ mm
$\theta=\text{arctan}3/7$

**图 5.18　$\theta=\text{arctan}3/7$ 和 $\theta=\text{arctan}2/3$ 的网格划分模型图**

### 5.5.1.2　试验结果

根据拉伸试验经验，将模型一端（7.5 mm 以内）完全约束，另一端施加 60 mm垂直方向位移。3 种结构模型的仿真结果如图 5.19 所示。

### 5.5.1.3　结果分析

根据 $\theta=\text{arctan}3/7$，$\theta=\text{arctan}4/7$ 和 $\theta=\text{arctan}2/3$ 这 3 种模型的仿真结果可以得出各自的泊松比。从图 5.20 中可以看出，当 $\theta=\text{arctan}4/7$ 和 $\theta=\text{arctan}2/3$ 时，随着中空直径（$d=0$，1，2，3，4 mm）变大，泊松比也变大，2 种模型的泊松比大小和变化趋势非常相似；与 $\theta=\text{arctan}4/7$ 和 $\theta=\text{arctan}2/3$ 相比，当 $\theta=\text{arctan}3/7$ 时，虽然随着中空直径变大，泊松比也有变大趋势，但变化率较小，而且负泊松比效应明显好于另外 2 种模型。

图 5.19 不同 $\theta$ 模型的有限元计算结果图

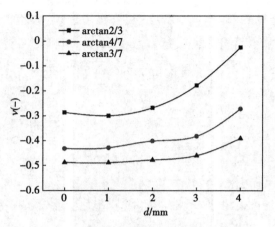

图 5. 20 不同 $\theta$ 模型的泊松比变化曲线图

## 5.5.2 改变 *l* 的模型仿真

为了获得最适合的膝关节护具所需的设计参数，在 $\theta$ 不变的情况下，尝试通过改变 *l* 调整单胞结构的力学响应，获得符合设计要求的力学性能和泊松比。*l* 的改变增加了结构连接处的几何尺寸，一定会改变模型的力学性能和弹性模量，但是否对泊松比产生影响尚未验证。

### 5.5.2.1 模型建立

在设计时，分别选择相比原 *l* 稍短和稍长的尺寸建立模型，具体长度如图 5. 21 所示。除 *l*=7 mm 为最初设计的模型外，分别建立了 *l*=6 mm 和 *l*=8 mm 的仿真模型，如图 5. 22 所示。通过对不同 *l* 模型的仿真计算获取 *l* 与泊松比的关系。

图 5. 21 不同 *l* 的局部模型图

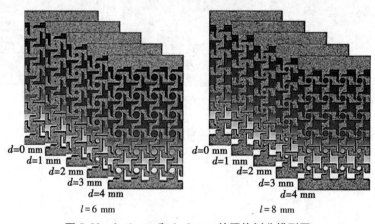

图 5. 22 *l*=6 mm 和 *l*=8 mm 的网格划分模型图

### 5.5.2.2　试验结果

仿真计算中，模型一端(7.5 mm 以内)完全约束，另一端施加 60 mm 垂直方向位移。3 种结构模型的仿真结果如图 5.23 所示。

$l=6$ mm　　　　$l=7$ mm　　　　$l=8$ mm

**图 5.23　不同 $l$ 模型的有限元计算结果图**

### 5.5.2.3 结果分析

根据 $l=6\ mm$，$l=7\ mm$ 和 $l=8\ mm$ 这 3 种模型的仿真结果可以得出各自的泊松比。从图 5.24 中可以看出，$l=6\ mm$ 和 $l=7\ mm$ 相比，随着中空直径（$d=0,1,2,3,4\ mm$）变大，泊松比也变大，2 种模型的泊松比大小和变化趋势非常相似；$l=7\ mm$ 和 $l=8\ mm$ 相比较，当 $l=8\ mm$ 时，随着中空直径变大，泊松比变大趋势越发明显。

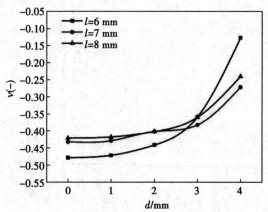

图 5.24 不同 $l$ 模型的泊松比变化曲线图

## 5.5.3 改变网格大小的模型仿真

### 5.5.3.1 模型建立

仿真计算时，网格大小会影响计算结果，因此本书以 $\theta=\arctan 4/7$，$d=1\ mm$ 模型为例，将网格大小分别设置为 0.2，0.3，0.4，0.5，0.8，1.0 mm 进行仿真计算。网格划分后的模型如图 5.25 所示。

### 5.5.3.2 网格大小改变后的结果分析

通过对 6 种不同网格大小的模型（$\theta=\arctan 4/7$，$d=1\ mm$）进行有限元仿真分析得到了各自的泊松比，如图 5.26 所示。从图中可以看出，随着网格尺寸增大，泊松比减小，因此，网格大小的确影响计算结果。当网格大小从 1.0 mm 变为 0.8 mm 时，泊松比变化的斜率最大，随后逐渐变缓。当网格大小从 0.3 mm 变为 0.2 mm 时，泊松比变化的斜率几乎为 0，因此可认为 2 种网格大小对泊松比的影响无差异。由此可以证明，网格越小，计算结果越可信。本书中有限元模型的网格大小设置为 0.3 mm 是合理且有效的。本书研究也曾尝试选择 0.1 mm 网格进行仿真计算，但由于网格密度过大、计算时间太长，因此未将其计算结果列出。

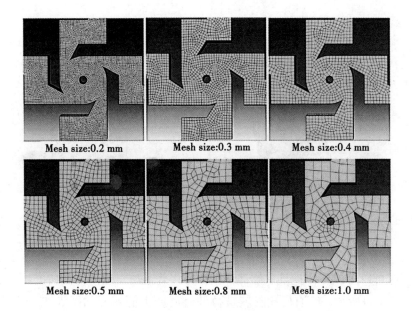

图 5.25　6 种网格尺寸的单胞结构图

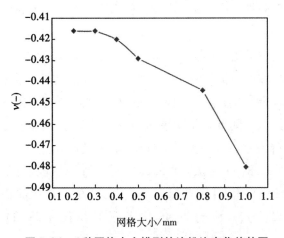

图 5.26　6 种网格大小模型的泊松比变化趋势图

## 5.6　护具结构与参数确定

　　负泊松比材料与普通材料作为膝关节护具的主体部件材料，其力学性能存在明显差异。以膝关节屈伸为例(图 5.27)，护具主体部件上、下缘的长度在屈膝和直膝状态下是不同的，即屈膝时长度大于直膝时长度。

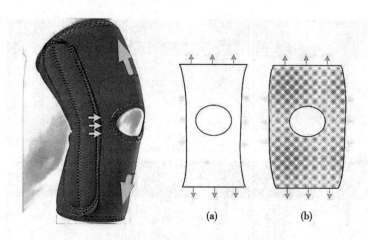

(a)　　　　　(b)

**图 5. 27　护具的负泊松比效应图**

此时可以近似看作护具主体部件被拉伸。普通材料被拉伸后所产生的变形如图 5.27(a)所示，负泊松比材料被拉伸时所产生的变形如图 5.27(b)所示。可见，负泊松比材料设计的护具可以实现在满足保护功能的同时，在一定程度上提高舒适性和贴附性，其良好的力学性能为穿戴者在屈膝过程中提供了一定的缓冲与吸能作用。

护具的结构与参数需要根据穿戴者下肢测量学数据确定。护具的结构是从所设计的结构中选取的。护具的参数是指护具主体结构的长度、宽度等。在测量过程中，需根据穿戴者膝关节屈伸过程中标定点与参考点围度和长度变化确定结构、测量参数。穿戴者测量学参数较为容易获取，标定点与参考点如图 5.28 所示。其具体测量位置涵盖了直膝和屈膝姿态下内、外侧铰链上柄位置大腿前方围度$L_u$[图 5.28(a)]和$L_u'$[图 5.28(e)]，内、外侧铰链下柄位置小腿前方围度$L_d$[图 5.28(b)]和$L_d'$[图 5.28(f)]，内、外侧铰链中部膝盖前方围度$L_m$[图 5.28(c)]和$L_m'$[图 5.28(g)]，上、下缘长度 $L$[图 5.28(d)]和$L'$[图 5.28(h)]。

根据实际测量，可获取直膝与屈膝姿态下对应围度差值。根据泊松比计算公式[式(5.1)]，可以计算膝关节主体部件位置所需的泊松比范围。根据需要的具体泊松比值，从本书所设计的各结构试样中选择合理的泊松比完成主体设计。

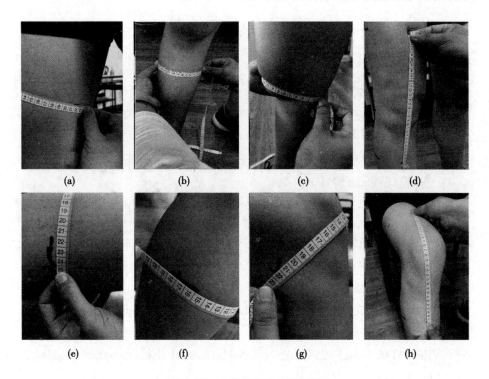

图 5.28  大腿相关围度测量图

## 🔺 5.7  本章小结

在本章中，设计了手性单胞结构，并通过合理组合建立了试样模型。通过
3D 打印机实现了试样模型的打印。对打印试样实施拉伸试验，获取了力学性
能数据；对试样模型实施有限元计算，获取了拉伸仿真数据。通过试验结果数
据分析，验证了试验数据与仿真结果的一致性，从而证明了仿真计算结果可以
为护膝结构设计提供可靠参数。

通过对单胞结构主要参数 $l$, $\theta$ 和模型网格大小进行调整，获得了多种拉伸
仿真试验的计算结果。由此可以获得对应结构的泊松比与弹性模量，为护具设
计提供了更多选择。

# 🔲 参考文献

[1] SOKOLNIKOFF I S. Mathematical theory of elasticity [M]. New York: MCGRAW-HILL,1956.

[2] LOVE A.A treatise on the mathematical theory of elasticity[M].New York: Dover Publications,1927.

[3] GUNTON D J,SAUNDERS G A.The Young's modulus and Poisson's ratio of arsenic,antimony and bismuth[J].Journal of materials science,1972,7 (9):1061-1068.

[4] GRIMA J N,EVANS K E.Auxetic behavior from rotating triangles[J].Journal of materials science,2006,41(10):3193-3196.

[5] GRIMA J N,GATT R,ALDERSON A,et al.On the origin of auxetic behaviour in the silicate $\alpha$-cristobalite[J].Journal of materials chemistry,2005,15.

[6] VERONDA D R,WESTMANN R A.Mechanical characterization of skin-nite de-formation, 1970.

[7] LEES C,VINCENT J F V,HILLERTON J E.Poisson's ratio in skin[J].biomechanical medical materials & engineering,1991,1(1):19-23.

[8] LAKES R.Foam structures with a negative Poisson's ratio [J]. Science, 1987,235(4792):1038-1040.

[9] REN X,DAS R,TRAN P,et al.Auxetic metamaterials and structures:a review[J].Smart materials & structures,2018,27(2).

[10] LANDI G.Properties of the center of gravity as an algorithm for position measurements:two-dimensional geometry[J].Nuclear instruments & methods in physics research section a-accelerators spectrometers detectors and associated equipment,2003,497(2/3):511-534.

[11] WOJCIECHOWSKI W K.Remarks on "Poisson ratio beyond the limits of the elasticity theory"[J].The physical society of Japan,2003,72(7):1819-1820.

[12] LAKES R.Advances in negative Poisson's ratio materials[J].Advanced materials,2010,5(4):293-296.

[13] WU W,HU W,QIAN G,et al.Mechanical design and multifunctional applications of chiral mechanical metamaterials:a review[J].Materials & design,

2019,180:107950(13 pages).

[14] TRETIAKOV K V,WOJCIECHOWSKI K W.Poisson's ratio of simple planar "isotropic" solids in two dimensions[J].Physica status solidi,2010,244 (3):1038-1046.

[15] LI D,YIN J,DONG L,et al.Strong re-entrant cellular structures with negative Poisson's ratio[J].Journal of materials science,2018,53(5):3493-3499.

[16] DONG L,JIE M,LIANG D,et al.Three-dimensional stiff cellular structures with negative Poisson's ratio[J].Physicastatus of solidi,2017,254(12).

[17] WOJCIECHOWSKI K W.Two-dimensional isotropic system with a negative Poisson's ratio[J].Physics letters A,1989,137(1/2):60-64.

[18] HEWAGE T A M,ALDERSON K L,ALDERSON A,et al.Double-negative mechanical metamaterials displaying simultaneous negative stiffness and negative Poisson's ratio properties[J].Advanced materials,2016,28(46).

[19] CARNEIRO V H,MEIRELES J,PUGA H.Auxetic materials:a review[J]. Materials science-Poland,2013,31(4):561-571.

[20] DONG L,YIN J,LIANG D,et al.Numerical analysis on mechanical behaviors of hierarchical cellular structures with negative Poisson's ratio[J]. Smart material structures,2017,26(2).

[21] HOU J,DONG L,LIANG D.Mechanical behaviors of hierarchical cellular structures with negative Poisson's ratio[J].Journal of materials science, 2018,53(14):1-8.

[22] LI D,GAO R,DONG L,et al.A novel 3D re-entrant unit cell structure with negative Poisson's ratio and tunable stiffness[J].Smart materials and structures,2020,29(4).

[23] GAO R,LI D,DONG L,et al.Numerical analysis of the mechanical properties of 3D random voronoi structures with negative Poisson's ratio[J]. Physical status solidi (b),2019,256(7).

[24] PRALL D,LAKES R S.Properties of a chiral honeycomb with a Poisson's ratio of −1[J].International journal of mechanical sciences,1997,39(3): 305-314.

[25] GRIMA J N,SZYMON W,LUKE M,et al.Tailoring graphene to achieve negative Poisson's ratio properties[J].Advanced materials,2015,27(8): 1455-1459.

# 第6章 基于增材制造的膝关节护具制作与有效性实验研究

膝关节护具的制作步骤分为：护具主体功能设计、模型打印、膝袖设计，膝袖及配件缝制以及整体装配。上述步骤并非独立完成，只有将前、后步骤中的细节进行衔接和关联，才能最终获得符合设计要求的膝关节护具。

在本章中，前半部分将从护具主体功能开始对护具主体模型、膝袖的设计与缝制展开论述，随后完成护具的整体装配。在此过程中，采用 Abaqus 软件对护具主体结构进行特定的仿真测试。后半部分将采用平衡稳定测试、落地缓冲测试和肌肉力量测试 3 个设计性实验对护具功能的有效性展开研究。本章是对第 1~5 章研究内容的整合与验证，希望通过 3 个设计性实验证明本书研究的膝关节护具能够切实有效地降低空中技巧运动员训练、比赛过程中膝关节损伤的发生率。

## 6.1 膝关节护具制作

### 6.1.1 护具模型结构设计

根据材料试验与计算机仿真的结果对比，本书设计的几种结构均具有负泊松比效果。从应力-应变曲线可知，随着中空直径增大，泊松比有变大的趋势；当具有相同的泊松比时，中空直径越小，拉力越大。在设计护具主体结构时，可以根据护具所处的部位不同，选择合适的负泊松比结构进行组合。

根据护具设计需要，大腿和小腿位置的护具结构所需要的负泊松比效果是不同的。由于大腿前群股四头肌肌肉较厚，大腿发力时围度变化较大，因此护具主体上半部分选择泊松比较小的结构［图 6.1（a）］。小腿前群胫骨前肌肌肉较薄，小腿发力时围度变化较小，因此护具主体下部分选择泊松比较大的结构［图 6.1（b）］。结合人体解剖学理论和空中技巧项目落地阶段动作特点可知，运动员髌骨周围肌肉较少，虽然关节处围度无较大变化，但考虑到运动员落地缓冲阶段膝关节屈曲过程中护具上、下部分会在髌骨表面产生较大的拉力和压力，进而增加髌骨软骨与股骨软骨的压应力，为了保证膝关节稳定、减小髌骨下方压力，髌骨周围采用环形镂空设计，并选择负泊松比最小的结构［图 6.1(c)］。根据第 5 章 TPU 材料的力学性能数据，护具主体部位设计厚度均为 2 mm 可以满足使用要求。

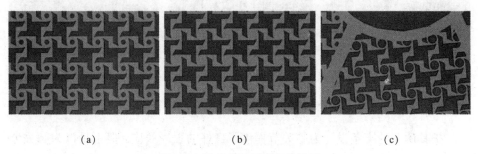

(a)　　　　　　　　　(b)　　　　　　　　　(c)

**图 6.1　膝关节护具局部结构图**

## 6.1.2　护具模型打印与附件选用

根据对护具整体模型优化，以及运动员屈膝缓冲过程中下肢围度变化大小选择适合的负泊松比结构。然后对大腿、小腿和髌骨位置对应的模型进行拼合装配，形成护具主体模型［图 6.2(a)］。将模型文件以 stl 格式保存并发送给 3D 打印机，完成护具模型的打印［图 6.2(b)］。

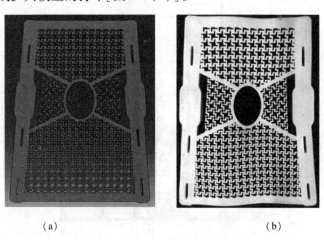

(a)　　　　　　　　　(b)

**图 6.2　设计模型图与打印模型图**

图 6.3 为对应图 6.1 中的打印效果。尽管 TPU 材料质软，但由于打印机精度较高，因此打印模型的还原度较高。

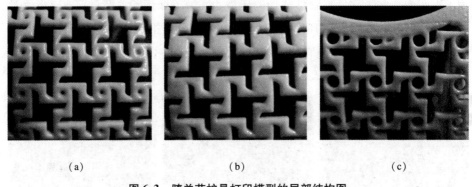

（a）　　　　　　　　（b）　　　　　　　　（c）

**图 6.3　膝关节护具打印模型的局部结构图**

护具两侧的支条设计为膝关节提供了良好的缓冲效应，但不足以为膝关节提供必要的支撑。为了给膝关节提供更好的支撑作用，需要设计与护具结构、功能相匹配的铰链结构[1]。在综合考虑材料力学强度、制作工艺、成本以及质量等方面因素后，选择高强度铝合金作为制作铰链的材料。根据设计时拟定的尺寸（图 4.18），选择 2 mm 厚高强度铝合金板材，采用线切割工艺制作铰链的有关配件，如图 6.4 所示。

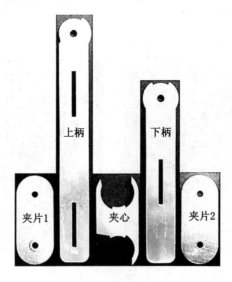

**图 6.4　铰链组件图**

夹片 1 与夹片 2 分别为铰链核心位置的内、外侧挡板,夹心被夹在当中。上柄支撑大腿,下柄支撑小腿,长方形孔洞为绑带的固定卡槽,圆形孔洞为铆钉固定位置。组装后,可以镶嵌进护具两侧支条的凹槽中,组装后的铰链如图 6.5 所示。

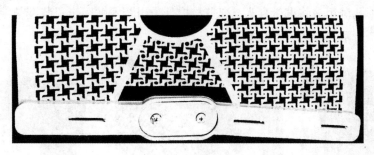

图 6.5 铰链安装图

为了提高护具的舒适性、保暖性和整体性,膝袖需要有针对与护具主体连接、固定以及腘窝处的设计。根据受试者腿部围度数据对膝袖的尺寸进行缝制,并对腘窝位置进行镂空设计。实际制作的膝袖如图 6.6 所示。膝袖的材质为潜水布,采用手工裁剪、缝纫。图 6.6(a)为膝袖后视图,对应图 4.19(b)。图 6.6(b)为膝袖侧面图,对应图 4.19(d)。图 6.6(c)为膝袖正视图,对应图 4.19(c)。

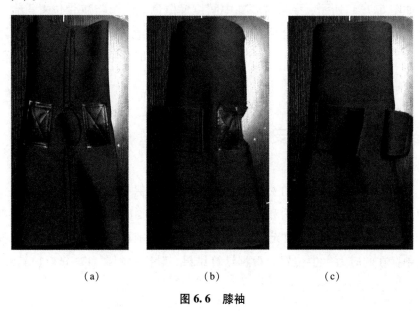

(a)　　　　　　　　　(b)　　　　　　　　　(c)

图 6.6 膝袖

### 6.1.3 护具的装配与穿戴

护具需要两个铰链，分别安装于护具的内、外侧护具主体的卡槽里。膝袖内、外侧的双耳设计用来固定护具主体铰链位置。护具主体和铰链上、下柄处的长方形孔洞用来将绑带穿入，绑带与护具采用魔术贴固定。装配与穿戴过程如图6.7所示。

|     (a)     |     (b)     |     (c)     |

**图6.7　膝关节护具装配图**

如图6.7(a)所示，穿戴时膝袖中间位置白色的圆圈与髌骨位置重合。将护具主体的圆孔与圆圈重合后，将双耳从两侧的间隙穿出[图6.7(b)]，随后粘牢魔术贴。按照上、中、下顺序将绑带粘牢后，将膝袖上、下部边缘翻折[图6.7(c)]。

## 6.2 护具结构安全性分析

护具首先要保证结构的安全性，其次才是提供保护的有效性。护具主要结构中高强度铝合金铰链结构和主体TPU结构都需要进行安全性分析。在本书设计中，安全性将采用有限元分析方法分析。通过有限元模拟真实情况，找出结构中存在的应力集中位置。根据计算结果，对比材料属性，分析护具结构、材质的安全性和合理性。

### 6.2.1 支具有限元分析

护具的支具结构相对简单，可在 Abaqus 软件中画出草图并拉伸建立。根据护具设计参数、运动员腿部长度以及膝关节活动范围，完成支具的三维模型（图 6.8）。图中包括各关键部件、连接方式、组装成品以及网格划分情况。在本书设计中，支具的参数遵循图 4.18。

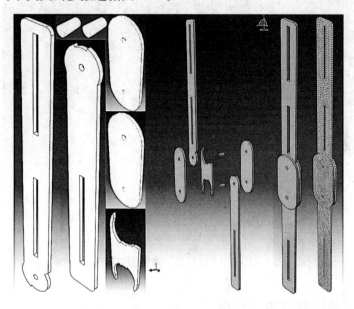

**图 6.8 支具模型图**

由于真实支具的材料为高强度铝合金，因此材料参数设定为：密度 2.7 g/cm$^3$，泊松比 0.33，弹性模量 72 GPa。根据运动员落地缓冲阶段膝关节活动范围和角速度，对有限元模型进行约束设定。对上柄与下柄分别施加运动员落地缓冲过程中膝关节屈伸的角速度，得到支具的有限元仿真计算结果，如图 6.9 所示。

从有限元分析结果来看，应力集中位置主要出现在转轴附近。为了避免在较大的扭矩作用下发生转轴损坏，在真实组装过程中，将原有铝合金转轴换为碳钢材质（密度为 7.8 g/cm$^3$，泊松比为 0.28，弹性模量为 210 GPa）转轴。作为辅助支撑和缓冲部件，可以在运动员落地缓冲过程中起到辅助和缓冲的作用。

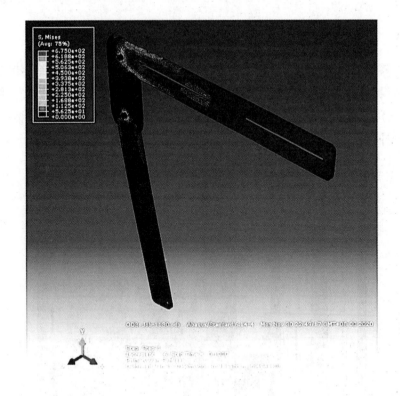

图 6.9  支具的有限元仿真图

## 6.2.2  打印结构有限元分析

为了模拟护具穿戴时的受力情况,将设计的负泊松比结构护具模型导入 Abaqus 软件中进行仿真。由于膝关节屈伸过程中,护具的上、下方向与左、右 方向都将受到不同拉力的作用,因此仿真时也从模型的两个方向施加位移进行 模拟。在上、下两端施加膝关节屈曲过程中伸长的位移,图 6.10(a)是模拟护 膝模型施加上、下方向位移的仿真结果。在左、右方向上采用同样的方式施加 伸长的位移,图 6.10(b)是模拟护膝模型施加左、右方向位移的仿真结果。

从图 6.10(a)的局部可以看出,给护具模型施加上、下方向的位移表现出 较好的负泊松比效应。如果对比局部有无形变的显示效果,可以明显地发现, 在髌骨镂空区域两侧出现明显的弧度,如图 6.11 所示[(a)为有形变显示,(b) 为无形变显示]。这种效果正是设计所需要的贴附感和舒适性的体现。

从图 6.10(b)的局部可以看出,给护具模型施加左、右方向的位移同样表 现出较好的负泊松比效应。在局部图 6.12[(a)为有形变显示,(b)为无形变显示]中,上、下边缘出现外凸弧形,髌骨镂空位置则出现内凸弧形,其负泊松比效应可见一斑。这种情形也是设计希望得到的较为理想的效果。护具上、下边缘的外凸抑制了屈膝过程中护膝边缘的滑动,镂空位置的内凸为髌骨施加了一定的保护。

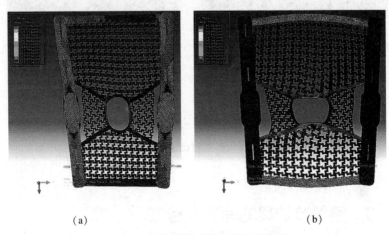

(a)　　　　　　　　　　　　　(b)

图 6.10　护膝模型的有限元仿真图

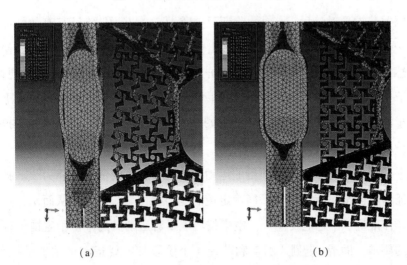

(a)　　　　　　　　　　　　　(b)

图 6.11　模型有无形变对比图(上、下方向位移)

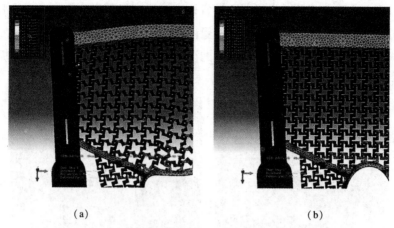

（a）　　　　　　　　　　　　　　　　　（b）

**图 6.12　模型有无形变对比图（左、右方向位移）**

## 6.3　膝关节护具的有效性验证

膝关节护具设计后，有效性验证至关重要。一方面，验证其有效性可以对现有护具功能、结构进行评价，以提出优化或修整意见。另一方面，以使用者本体感觉为基础，在特定条件下，对护具能否提供适当的保护进行客观评价。在本节中，将设计 3 种测试实验，即平衡稳定测试、落地缓冲测试以及下肢肌肉力量测试，分别从平衡能力、缓冲效果和肌力激发 3 个方面对膝关节护具实施保护的有效性进行检测和验证[2]。

平衡稳定性对于各运动项目的运动员都是非常重要的运动能力[3]。技术动作在任何阶段都对运动员的平衡稳定控制能力提出较高要求，从而确保运动员技术动作准确、稳定地发挥[4]。空中技巧项目对运动员的平衡稳定能力提出了更高的要求。助滑、起跳、腾空和落地 4 个阶段都需要运动员精准掌控平衡，这也是选择该测试内容验证膝关节护具有效性的主要原因。

落地缓冲测试是从膝关节损伤角度考虑设计的实验项目。除发生碰撞以外的膝关节损伤，绝大多数都是在较大冲击力或膝关节快速屈伸的情况下发生的，因此护具如果能够有效地提供缓冲，就可以在一定程度上降低膝关节损伤的发生率。空中技巧运动员在落地阶段，双腿膝关节将受到瞬间的冲击力，即使运动员下肢肌肉力量非常优秀，但在这种瞬间的冲击力作用下，如果发生异常的关节相对运动，将放大此时的膝关节内力的作用效果，从而大大提升损伤风险[5-6]。这种异常或突发情况是无法预测的，因此研究应从减少冲击力入手。增加缓冲时间和干预落地阶段膝关节角度变化是有效降低损伤风险的可行性方案。本测试将对缓冲时间和膝关节缓冲角度两部分测试数据进行采集和分析，通过判断缓冲效果，最终对护具缓冲的有效性进行评价和验证。

下肢肌肉力量测试的目的是检测膝关节护具能否起到弥补肌肉力量不足或激发肌肉潜能的作用。肌力不足是导致损伤的重要原因[7]，所谓肌肉力量不足也是因人而异、视情况确定的。虽然运动员下肢肌肉力量优于常人，但在特殊的技术动作或情况下，可能也会出现力量不足的状况[8]。而且有些时候运动员会带伤上阵或者未达到完全康复就进行比赛、训练，这时更加需要有效的保护或肌肉潜能的激发，从而达到减少损伤的目的。可见对肌肉力量指标进行评价也是膝关节护具有效性验证的重要内容。

此处郑重说明：参与本测试的运动员志愿者均签署了《知情同意书》。测试全部内容通过了沈阳体育学院伦理审查。

## 6.3.1 平衡稳定测试验证

利用平衡测试设备对受试者穿戴护具前、后的平衡稳定性进行测试，根据测试结果对受试者平衡稳定控制能力进行评价。平衡测试分为静态平衡测试和动态平衡测试两类。由于落地缓冲阶段用时仅为 0.2 s 左右，而动态平衡多采用无序的测试模式，很难通过数据分析获得平衡稳定控制规律，因此本书中选择静态平衡测试对受试者进行评价。

### 6.3.1.1 平衡稳定测试目的与预期

平衡稳定测试主要是对受试者质心控制能力进行评价。在特定姿态下，质心控制能力主要受到本体感觉、前庭功能和视觉输入 3 方面因素影响。在本书的平衡稳定测试中，视觉输入不受限制，前庭功能未受干预，可见在穿戴膝关节护具前、后本体感觉会受到不同影响。其中，变化最大的就是由本体感觉差异导致的肌力变化和肌肉工作时效。因此，平衡稳定测试的目的就是评价护具穿戴前、后本体感觉差异是否影响特定姿态下受试者的平衡稳定控制能力。

实验中之所以选择单腿测试，是出于对护具有效性验证的考虑。双腿的平衡测试也能反映出相关信息，但由于双腿之间配合存在诸多"干扰因素"，例如优势腿与非优势腿双腿相互代偿、双腿健康状况差异等，而采用单腿测试可以更加直接地反映护具对平衡稳定控制的影响，因而单腿测试是验证护具有效性的首选测试方式。

可以预见，在穿戴膝关节护具前、后的测试结果中，可能出现3种情况。情况1是穿戴护具后的测试结果优于穿戴护具前。情况2是穿戴护具前、后的测试结果无差异。情况3是穿戴护具后的测试结果不及穿戴护具前。出现3种情况的具体原因，需要对测试数据结合实验方案的具体情况进行客观分析。

### 6.3.1.2　平衡稳定测试实验设计与实施

（1）实验对象。平衡稳定测试的实验对象为空中技巧专业运动员志愿者（半年内未有膝关节损伤史的国家青年队运动员，每天正常参加队内体能训练）。

（2）实验设备。实验设备采用芬兰生产的 GOOD BALANCE 平衡测试仪。该设备采样频率为 100 Hz，力量平台质量 15 kg，尺寸 800 mm×800 mm×800 mm，电子单元 220 mm×440 mm×350 mm，电源 110—230V/10V DC，功率1 W，操作系统为 Microsoft Windows。

（3）实验方法。所有志愿者在完成热身和准备活动的前提下，进入测试流程。为了避免短时间内重复测试引起的适应性误差，测试分为两天进行。基于空中技巧运动员落地阶段有视觉输入，因此，拟采用睁眼方式进行测试。因此，拟定第一天测试内容为：无穿戴情况下，睁眼无护具状态下优势侧单腿测试［图6.13（a）］、屈曲140°测试［图6.13（b）］和单足落地缓冲膝关节140°屈曲测试［图6.13（c）］。3个测试为一组，每人测试8组，组间间隔2 min。第二天测试内容为：穿戴情况下，睁眼无护具状态下优势侧单腿测试［图6.13（a）］、屈曲140°测试［图6.13（b）］和单足落地缓冲膝关节140°屈曲测试［图6.13（c）］。3个测试为一组，每人测试8组，组间间隔2 min。两次测试均选择14：00开始，单次测试时间均设定为20 s。

此处有几点需要说明：选择单腿睁眼测试，用于对比无护膝和穿戴本书设计护具两种条件下身体压力中心（Center of Pressure, COP）的变化情况；针对空中技巧项目落地阶段膝关节屈曲140°时的情况，增加优势侧屈膝140°时平衡稳定测试；针对落地阶段运动员处于动态平衡控制状态，设计了25 cm高度迈步单足[9]落地缓冲至140°屈曲测试。希望通过对比3种运动员"穿戴"与"无穿戴"护具情况下COP的变化情况，揭示护膝对运动员平衡稳定性的影响，从而间接地验证其有效性[10]。

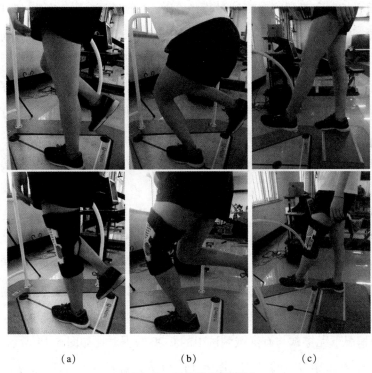

（a）　　　　　　（b）　　　　　　（c）

**图 6.13　平衡稳定测试图**

### 6.3.1.3　结果与分析

第一天无穿戴 3 种情况下平衡稳定测试结果详见表 6.1。第二天穿戴护具平衡稳定测试结果详见表 6.2。

**表 6.1　第一天测试结果（均值±标准差）**

| 情况 | $X$ 坐标 | $Y$ 坐标 | $X$ 速度 | $Y$ 速度 | $X$ 距离 | $Y$ 距离 |
|---|---|---|---|---|---|---|
| 直腿 | 6.2±8.1 | −89.7±7.8 | 21.5±8.7 | 19.2±6.0 | 10.3±2.0 | 14.9±5.9 |
| 屈膝 140° | 0.1±3.56 | −95.4±15.3 | 24.0±4.4 | 21.5±6.4 | 14.7±2.5 | 14.8±3.9 |
| 缓冲 140° | 14.3±10.5 | −67.1±30.5 | 74.0±35.5 | 116.0±7.0 | 37.9±6.3 | 127.4±49.9 |

**表 6.2　第二天测试结果（均值±标准差）**

| 情况 | $X$ 坐标 | $Y$ 坐标 | $X$ 速度 | $Y$ 速度 | $X$ 距离 | $Y$ 距离 |
|---|---|---|---|---|---|---|
| 直腿 | 4.4±6.6 | −99.9±14.7 | 20.9±6.6 | 20.6±5.7 | 11.3±1.7 | 18.4±4.5 |
| 屈膝 140° | 2.3±5.4 | −100.6±6.1 | 36.3±13.0 | 29.4±11.5 | 15.4±3.1 | 19.8±8.9 |
| 缓冲 140° | 9.4±9.4 | −111.5±17.2 | 60.1±26.2 | 102.9±30.7 | 33.0±7.1 | 125.7±77.5 |

在质心控制和直腿状态测试过程中，质心的调节主要依靠踝与髋的调整，此时有无穿戴护具不存在差异，因此表 6.1 和表 6.2 中 $X$ 方向和 $Y$ 方向的速度也无差异。而屈膝 140° 和缓冲 140° 则不同，此过程中膝关节绝大多数时间处于屈曲状态，此时开启了膝关节的调节功能。从数据来看，由于膝关节穿戴护具后，限制了膝关节的调节功能，因此在屈膝 140° 测试中，$X$ 方向和 $Y$ 方向的速度变大；而在缓冲 140° 测试中，在膝关节屈曲动态调整作用下，护具的限制性抑制了屈曲、缓冲过程中的膝关节不稳，因此在缓冲 140° 测试中，$X$ 方向和 $Y$ 方向的速度变小。

由 $X$ 速度和 $Y$ 速度数据可以看出：①在直膝情况下，有无穿戴护具对 $X$ 方向和 $Y$ 方向的速度基本无影响；②在屈膝 140° 情况下，穿戴护具后，$X$ 方向和 $Y$ 方向的速度都有明显增加；③在缓冲 140° 情况下，穿戴护具后，$X$ 方向和 $Y$ 方向的速度明显减小。其主要原因在于，护具的穿戴在一定程度上限制了膝关节质心控制的微调能力。正因如此，体现了护具对膝关节的保护效果。

3 种情况下无穿戴与有穿戴测试中的 COP 数据对比如图 6.14 所示。其中，图 6.14(a) 为无穿戴直腿数据，图 6.14(c) 为无穿戴 140° 屈膝数据，图 6.14(e) 为无穿戴缓冲至 140° 数据，图 6.14(b) 为穿戴直腿数据，图 6.14(d) 为穿戴 140° 屈膝数据，图 6.14(f) 为穿戴缓冲至 140° 数据。图 6.14 中虚线框内为 80% 以上 COP 聚集区域，从横、纵坐标数值可以清楚地看出 COP 运动在 $X$ 方向、$Y$ 方向的移动区间。

从两天平衡测试结果（表 6.1 和表 6.2）包含有无穿戴护具在直膝、屈膝和落地缓冲 6 种情况。从 COP 移动轨迹（图 6.14）可以看出，有无穿戴护具在 3 种情况下，COP 集中区域存在位置差异。直膝测试中，无穿戴护具 COP 集中在右前方，而穿戴护具 COP 集中在正前方。屈膝 140° 测试中，有无穿戴护具无明显差异。缓冲 140° 测试中，穿戴护具比无穿戴护具 COP 集中区域靠近内侧而且更加靠后。

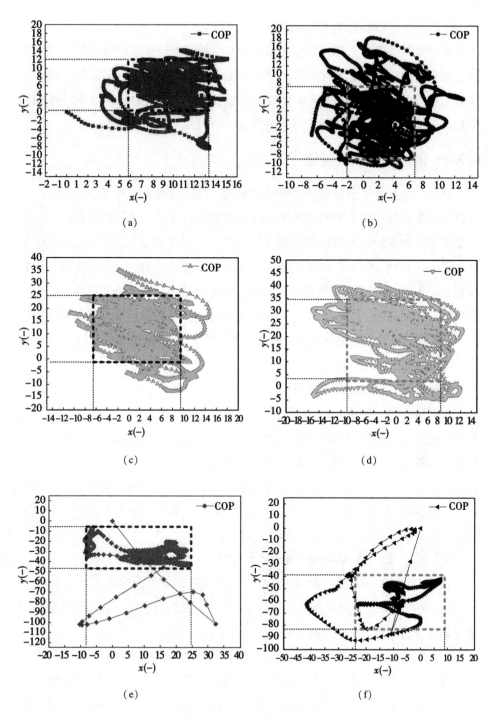

图 6.14 压力中心轨迹图

#### 6.3.1.4 实验结论

通过对受试者平衡稳定测试结果的分析，并结合空中技巧运动员落地习惯进行总结可以得出：有无穿戴护具对于志愿者优势侧直膝、140°屈膝平衡测试结果无明显差异；落地缓冲至140°模拟测试结果中，穿戴护具的COP集中位置更加符合运动员落地自我保护习惯。

### 6.3.2 落地缓冲测试验证

利用三维测力平台对受试者穿戴护具前、后的落地缓冲过程进行测试，结合影像采集系统中的关节角度数据，对受试者膝关节缓冲过程进行评价。在一定高度下落的落地缓冲测试可根据不同高度、不同落地方式以及是否穿鞋（不同功能的鞋）对缓冲效果进行评测。总结前人实验结论和相关研究成果可知：在指定高度下落缓冲直至稳定的过程中，峰值力越小、横向分力越小，缓冲效果越好。与此同时，结合运动员落地阶段的运动表现来看，膝关节屈曲范围越小，即双腿越伸直，则评分越高，因此还要结合影像数据对膝关节角度进行评价，从而验证护具在落地缓冲阶段的有效性。

#### 6.3.2.1 落地缓冲测试目的

根据第2章论述可知，空中技巧项目运动员在落地阶段的姿态和缓冲效果直接影响落地的成功率和膝关节损伤的发生率。由此可见，落地缓冲阶段既是膝关节护具设计的着眼点，也是护具是否有效的重要展示环节。在本实验中，利用测力平台对运动员落地冲击力进行采集并结合视频影像系统对膝关节角度以及身体各环节角度数据进行评价是对护具有效性验证过程中必不可少的重要一环，其重要性和必要性可见一斑。

#### 6.3.2.2 落地缓冲测试实验设计与实施

（1）实验对象。实验对象同样选择国家青年队运动员志愿者。

（2）实验设备。实验设备采用比利时生产的三维测力平台、美国生产的SIMI视频影像分析系统、SONY高清摄像机1台（含三脚架）。

（3）实验方法。落地缓冲测试实验继平衡稳定测试后进行，也将整体实验内容分为两天进行。第一天测试内容为：在跳箱（30 cm）上不穿戴护具、睁眼状态下，单腿落于测力平台上，同步采集动作影像数据；第二天测试内容为：在跳箱（30 cm）上穿戴护具、睁眼状态下，单腿落于测力平台上，同步采集动作影像数据。上述实验选择优势腿进行测试并完成数据采集，如图6.15所示。图中左侧为软件操作命令树,中间为采集的视频,右侧为与视频同步的人体棍图。

**图 6.15 动作采集与分析图**

### 6.3.2.3 结果与分析

第一天,志愿者无穿戴护具情况下,完成优势腿迈步落地缓冲测试。任选一名志愿者的测试结果,见图 6.16。其中,图 6.16(a)为优势侧膝关节角度变化曲线,图 6.16(b)为人体过程棍图,图 6.16(c)为优势侧膝关节角速度趋势图,图 6.16(d)为与视频同步的测力平台测得的三维力以及三维力矩曲线。

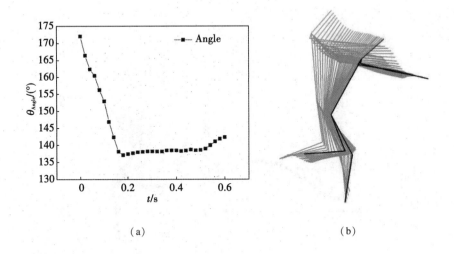

(a)  (b)

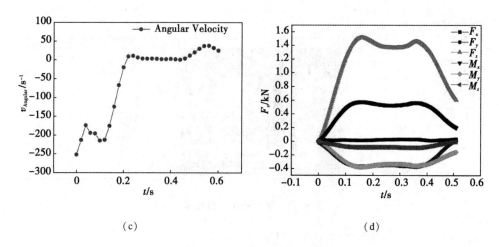

(c)　　　　　　　　　　　　　　(d)

**图 6.16　无穿戴护膝测试结果图**

第二天，志愿者穿戴护具情况下，完成优势腿迈步落地缓冲测试，结果详见图 6.17。其中，图 6.17(a)为优势侧膝关节角度变化曲线，图 6.17(b)为人体过程棍图，图 6.17(c)为优势侧膝关节角速度趋势图，图 6.17(d)为与视频同步的测力平台测得的三维力以及三维力矩曲线。

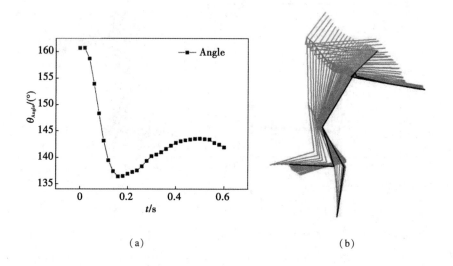

(a)　　　　　　　　　　　　　　(b)

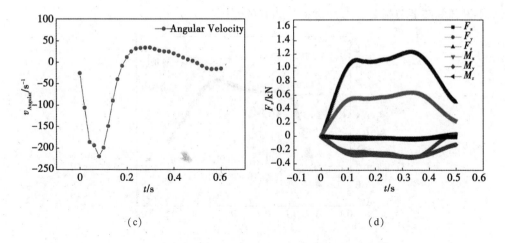

图 6.17　穿戴护膝测试结果图

从图 6.16 和图 6.17 中人体棍图可以看出，受试者运动轨迹基本一致，无明显差异。从膝关节角度变化趋势图[图 6.16(a)和图 6.17(a)]可以看出，有无穿戴护具在进行迈步下落缓冲测试中膝关节角度变化有明显差异，而且主要体现在缓冲后半段。无穿戴护具约 0.17 s 时膝关节处于最小缓冲角度，此后缓冲过程中膝关节角度变化在 5°范围内；穿戴护具测试约 0.16 s 时膝关节屈曲角度最小，而后角度变化范围大于无穿戴护具时的变化范围。由此可以推断，穿戴护具后，膝关节获得了较为有效的回弹效应和缓冲效果。

从图 6.16 和图 6.17 中的角加速度趋势图[图 6.16(c)和图 6.17(c)]也可以看出，两次实验 0.2 s 之前，膝关节角加速度存在较大差异。无穿戴护具测试时，方向角加速度逐渐减小；穿戴护具测试时，方向角速度逐渐增加。从而可以分析得出，穿戴护具可以使膝关节获得明显的缓冲效应。

从图 6.16 和图 6.17 中的三维力和三维力矩趋势图[图 6.16(d)和图 6.17(d)]可以看出，垂直方向的冲击力 $F_z$ 的变化趋势存在明显差异，对比图如图 6.18 所示。无穿戴护具(上方曲线)测试中，峰值力出现在第一波峰，作用力 $F_z \approx 1550$ N；穿戴护具(下方曲线)测试中，峰值力出现在第二波峰，作用力 $F_z \approx 1250$ N。两次测试中，第一波峰与第二波峰之间虽然时间间隔都约为 0.2 s，作用力变化都在 200 N 范围内，但无穿戴护具的作用力大小在 1350~1550 N 范围内变化，而穿戴护具的作用力大小在 1050~1250 N 范围内变化。穿戴护具一方面有效降低了第一波峰与第二波峰的力值大小，另一方面从第一波峰到第二波峰呈上升趋势为下肢肌肉对关节施加保护延长了准备时间，因而验证了本书所设计的膝关节护具在缓冲过程中的有效性。

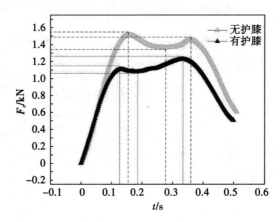

图 6.18　有无护膝$F_z$变化趋势图

#### 6.3.2.4　实验结论

通过对受试者落地缓冲测试结果的分析，并结合空中技巧运动员落地缓冲过程的运动学分析总结可以看出：穿戴护具后，受试者$F_z$方向的峰值力明显减小，而且峰值力出现的时间也被延后。由此可以说明：护具具有较好的缓冲效果，不仅吸收了一定的冲击力，而且延长了峰值力到来时间，即增加了膝关节的缓冲时间。

### 6.3.3　下肢肌肉力量测试验证

下肢肌肉力量测试是空中技巧运动员的基本测试项目，主要考察特定角度下运动员下肢肌肉的工作能力。利用等速肌力测试系统中膝关节屈伸测试模式，考核运动员下肢在不同角速度测试方案下，膝关节屈伸过程中主要肌肉的峰值力、峰值力矩，并对下肢肌肉的工作状态和运动员下肢力量情况进行监测[3, 11-12]。测试结果将直接反映运动员膝关节屈伸过程中肌肉力量情况和工作情况。

#### 6.3.3.1　下肢肌肉力量测试目的

在本章研究中加入下肢肌肉力量测试的目的包括两方面。一方面，由于膝关节和周围肌肉中有感受器的存在，因此膝关节护具的穿戴可能增强关节和肌腱的感受器的调节信号，从而增强肌肉功能或提升肌肉的收缩效率，最终加强下肢肌肉对膝关节的自我保护机能。另一方面，穿戴前、后下肢肌肉的工作状况可以从侧面很好地体现膝关节护具的有效性。

### 6.3.3.2 下肢肌肉力量测试实验设计与实施

（1）实验对象。实验对象同样选择国家青年队运动员志愿者。

（2）实验设备。实验设备采用美国生产的 ISOMED2000 等速肌力测试系统中的下肢屈伸测试模块。

（3）实验方法。空中技巧运动员落地缓冲过程中，下肢主要工作的肌肉为股四头肌。基于落地过程的缓冲机理，在下肢蹬伸过程中，股四头肌将首先完成离心收缩，随后进入向心收缩状态。因此，本书中下肢肌肉力量测试实验将整体实验内容分为两天进行。第一天测试内容为：无穿戴护具，在 60 rad/s 角速度情况下优势腿膝关节屈伸测试，其中第一阶段设定为下肢肌肉伸膝过程的向心收缩（收缩时肌肉长度缩短的收缩），第二阶段设定为下肢肌肉伸膝过程的离心收缩（收缩时肌肉长度被拉长的收缩）。第二天测试内容为：穿戴护具，在 60 rad/s 角速度情况下重复第一天测试内容。上述实验分别考察膝关节屈伸过程中有无穿戴护具主要肌肉向心、离心收缩的工作状况。测试内容之所以选择先"向心"后"离心"而没有与实际过程相一致，是出于对运动员安全的考虑。任何人在没有预先熟悉测试内容的前提下，都要尽量避免直接进行离心收缩测试，而且给国家队运动员进行测试要更加保守。

### 6.3.3.3 结果与分析

测试现场及典型测试数据如图 6.19 所示。其中，上方图组为第一天测试，下方图组为第二天测试。图中左侧方形曲线为股四头肌伸膝阶段向心收缩过程中力矩-角度曲线图。右侧圆形曲线为股四头肌伸膝阶段离心收缩过程中力矩-角度曲线图。

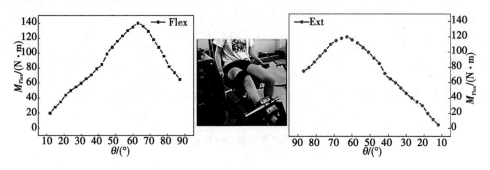

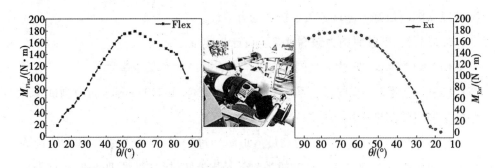

图 6.19　等速肌力测试图

如图 6.19 所示，无论是"向心"测试还是"离心"测试，力矩-角度曲线在有无穿戴护具的情况下均存在较大差异。从两次向心收缩力矩-角度曲线图可以看出：无穿戴护具时，峰值力矩接近 140 N·m，出现在膝关节 60°~65°范围内；穿戴护具时，峰值力矩接近 180 N·m，出现在膝关节 55°~60°范围内。从两次离心收缩力矩-角度曲线图可以看出：无穿戴护具时，峰值力矩接近 120 N·m，出现在膝关节 65°~60°范围内；穿戴护具时，峰值力矩接近 180 N·m，出现在膝关节 70°~60°范围内。从峰值力矩上可以明显看出：穿戴护具后，运动员能够发挥出更好的下肢力量。

从力矩所维持的角度范围来看（图 6.20），如果以"向心"和"离心"测试阶段的峰值力矩为基准画一条横线，可以看出穿戴护具后向心收缩阶段维持 140 N·m 以上的范围是 40°~82°，离心收缩阶段维持 120 N·m 以上的范围是 87°~40°。由此可以看出：穿戴护具后，力矩在很大角度范围内可以有效维持。

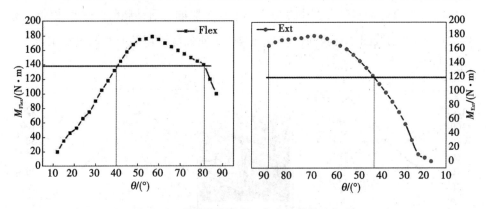

图 6.20　穿戴护具的离心与向心收缩力矩图

### 6.3.3.4 实验结论

通过对受试者等速肌力测试结果的分析,并结合空中技巧运动员落地缓冲过程的肌肉工作机理可以看出:股四头肌无论是向心收缩还是离心收缩,穿戴护具后,峰值力矩都明显增大,有效力矩维持范围也同比增大。由此可以说明:穿戴护具不但能够有效动员肌肉收缩并促使峰值力矩提前出现,而且能够扩大维持较大肌肉力矩的角度范围。

## 6.4 本章小结

在本章中,护具主体设计不仅考虑了膝关节损伤的相对运动,而且针对项目特点采用了 TPU 材料和支具以减轻冲击力。膝袖(内衬)的设计考虑了护具的舒适、保温性能和总体装配过程中的细节,在确保各部分功能的同时,使护具浑然一体。使用魔术贴和绑带固定,不仅方便护具穿戴,而且不易脱落。护具的整体效果达到了预期设想。

在护具的有效性验证中,针对运动员有无穿戴护具,采用了平衡稳定测试、落地缓冲测试和下肢肌肉力量测试的方法对运动员平衡控制能力、落地缓冲效果和下肢肌肉力量方面的影响及改善展开了分析与讨论。通过 3 个方面的测试,获取了有无穿戴护具各测试指标的具体数据和变化规律。结果表明:①穿戴护具更符合运动员技术动作和自我保护习惯;②具有较好的缓冲、吸能效果,降低了损伤风险;③促使下肢肌肉峰值力矩提前出现,增大了膝关节的稳定角度,同时提高了膝关节的稳定性。3 个方面的测试可以较为全面地验证膝关节护具的有效性。

## 参考文献

[1] ZAHRAI S M,VOSOOQ A K.Study of an innovative two-stage control system:Chevron knee bracing & shear panel in series connection[J].Structural engineering and mechanics,2013,47(6):881-898.

[2] 李文华,牛雪松,于秀.我国高水平男子自由式滑雪空中技巧运动员身体素

质结构及评价标准研究[J].天津体育学院学报,2012,27(4):292-296.

[3] 闫红光,马毅,娄彦涛,等.国家优秀男子自由式滑雪空中技巧运动员下肢肌力特征与静态平衡能力关系探讨[J].沈阳体育学院学报,2012,31(3):9-12.

[4] 张云峰,王制,戈炳珠.自由式滑雪女子空中技巧优秀运动员下肢肌力与静态平衡能力特征[J].冰雪运动,2010,32(3):34-38.

[5] 娄彦涛,闫红光,马毅.自由式滑雪空中技巧运动员不同姿势落地缓冲的生物力学机制研究[J].沈阳体育学院学报,2012,31(4):63-66.

[6] 牛雪松,白烨.备战22届冬奥会国家自由式滑雪空中技巧运动员体能训练过程生化监控的研究[J].沈阳体育学院学报,2015,34(4):86-91.

[7] 牛雪松.我国自由式滑雪空中技巧运动员力量训练划分研究[J].沈阳体育学院学报,2010,29(6):16-18.

[8] 马毅,闫红光,郑凯,等.自由式滑雪空中技巧运动员出台技术、下肢力量与落地稳定性关系研究[J].中国体育科技,2012,48(3):64-68.

[9] ZHAO X,GU Y.Single leg landing movement differences between male and female badminton players after overhead stroke in the backhand-side court [J].Human movement science,2019(66):142-148.

[10] BOTTONI G,KOFLER P,HERTEN A T,et al.The effect of three knee brace styles on balance ability[J].International journal of athletic therapy & training,2015,20(4):28-31.

[11] 牛雪松,白烨,任四伟.李妮娜膝关节前十字韧带重建术后康复性体能训练的研究[J].中国体育科技,2015,51(6):114-120.

[12] 牛雪松,白烨,任海鹰.索契冬奥会自由式滑雪空中技巧运动员专项力量训练的应用研究[J].成都体育学院学报,2015,41(5):111-116.

# 第 7 章　结论与展望

## ▨ 7.1　结　论

自由式滑雪空中技巧作为中国雪上运动优势项目，运动员在日常训练和比赛中发生膝关节损伤一直是运动员和整个教练组备受困扰而又无法避免的问题。伤病不仅意味着运动员无法正常训练，更有可能打乱运动员整个备战周期内的各种国际比赛计划，甚至使其错过四年一次的冬季奥运会。为了降低运动员膝关节损伤风险，使运动员保持良好的竞技状态，延长运动员的竞技寿命，针对空中技巧项目运动员的个性化膝关节护具的设计与研究已经迫在眉睫。

本书以空中技巧运动员膝关节损伤为切入点，运用理论分析和实验研究等方法，对运动员落地姿态、动力学方程、膝关节损伤机理、增材制造技术、负泊松比材料、材料的力学性能和护具的有效性等方面进行了研究，形成了一套膝关节护具个性化设计的基本理论与技术路线，所取得的主要研究结论包括：

（1）空中技巧项目运动员膝关节损伤机理研究。鉴于空中技巧项目是高速极限运动，本书采用高速摄像和定点采集的方法，对运动员特征技术动作视频进行了运动学分析。使用 SIMI 动作分析系统，获取了空间坐标下运动员身体关节（环节）的速度、加速度、角度、角加速度等运动学数据，为动力学分析提供了重要的运动学参数。从全局视角提出了运动员整体技术动作过程中膝关节角度变化范围，为护具活动范围的设计提供了依据。

（2）应用 Roberson-Wittenburg 方法建立并求解人体多刚体动力学方程。基于落地阶段运动员身体姿态特点，将松井秀治人体模型简化为 6 刚体动力学模型。应用 Roberson-Wittenburg 方法，结合人体解剖学特征，建立人体 6 刚体动力学方程，求解得到运动员落地缓冲过程中膝关节控制力矩。力矩被转化为膝关节受力后，峰值力作为载荷参数引入有限元模型，为膝关节损伤的仿真分析提供了数据支持。

（3）应用有限元仿真的方法探究运动员膝关节损伤机理。基于逆向工程技术实现了运动员膝关节模型的三维重建，通过模型优化、配准导入 Abaqus 软件中。将运动学、人体解剖学与有限元模型的约束条件相结合，验证了模型的有效性。以峰值力为驱动载荷，计算获得了 3 种落地姿态下膝关节内部软骨、韧带和半月板的受力情况，并获得了该姿态下模型应力集中位置。对照运动员膝关节常见损伤部位和损伤程度，揭示了落地阶段运动员损伤机理。

（4）研究了负泊松比材料的结构特性与力学性能。根据运动项目特点，选用 TPU 作为护具的主材。通过仿真试验证明了所设计的 4 手性结构在仿真试验中具有多样的负泊松比效应。通过万能机对 3D 打印试样进行了同样的拉伸试验，试验数据验证了与仿真试验数据的一致性。通过改变试样参数 $l$，$\theta$ 和网格密度后，获取了更多的泊松比和弹性模量变化规律数据，为护具主体设计提供了更多选择。

（5）提出了膝关节护具有效性的实验验证方法。在实验室中，在运动员有无穿戴护具的情况下，分别完成平衡稳定测试、落地缓冲测试和下肢肌肉力量测试。① 平衡稳定测试：屈膝情况下 COP 运动区域的差异体现了穿戴护具时更符合运动员落地阶段的技术动作和自我保护习惯。② 落地缓冲测试：测力平台采集的数据证明穿戴护具具有较好的缓冲效果，不仅吸收了一定的冲击力，而且延长了峰值力到来时间；峰值力的滞后为下肢肌肉离心收缩提供了更多准备时间，进而可以有效降低损伤风险。③ 肌肉力量测试：穿戴护具不但有效动员了下肢肌肉收缩，而且促使肌肉的峰值力矩提前出现；在扩大维持肌肉力矩的角度范围的同时，增大了膝关节的稳定角度，进而提高了膝关节的稳定性。

# 7.2 展　望

护具的设计是一项要求较高的系统性工程，需要研究者对运动项目和运动员技术动作具有较丰富的研究经验。不仅能够识别技术动作的危险环节，而且能够进一步判断损伤位置和分析损伤机理。对于设计者而言，还应熟练掌握人体解剖学和肌肉工作原理，能够在准确查明损伤机理的同时，逆向思考得到护具设计主体方案。护具的制作需要结合项目特点、使用者人体情况和需求，选择适合的护具材料并完成细节设计。通过材料力学性能测试、舒适性测试以及有效性验证后，护具的制作才基本完成。

　　本书以自由式滑雪空中技巧项目为例，以国家青年队运动员志愿者为研究对象，为其设计并制作了基于 3D 打印技术的膝关节护具。希望通过本书的研究，为我国护具设计、制造领域提供一条可行的研发思路，为提升国产护具防护性能和科技含量提供参考。本书形成了膝关节护具个性化定制的技术路线，在后续的研究中，可以将该成果移植到其他项目或其他部位的护具优化设计与实验研究中。